A Series of Food Science & Technogy Textbooks

食品科技系列

普 通 高 等 教 育 "十 二 五" 规 划 教 材

食品工艺综合实验

李秀娟 主 编

杨 萍 毛伟杰 曹文红 副主编

 化学工业出版社

·北京·

本教材注重食品生产加工的应用特征，内容涵盖粮食类、果蔬类、畜禽类、水产品、糖果等产品的工艺，注重每个工艺技术原理的应用与产品实验的可操作性，并与实际工业生产过程相联系。让学生从模仿开始，逐渐学会产品的工艺设计、产品生产、产品评价等实验内容。使学生较熟练掌握生产各个环节的技术参数和要点，熟悉工艺和机械设备，对产品进行感观及质量评价，最终写出完整、规范的工艺设计技术报告。

本教材可供理工科高等院校的食品等专业师生及相关领域的科技人员使用。

图书在版编目（CIP）数据

食品工艺综合实验/李秀娟主编 . —北京：化学工业出版社，2014.6
普通高等教育"十二五"规划教材
ISBN 978-7-122-20348-9

Ⅰ．①食…　Ⅱ．①李…　Ⅲ．①食品工艺学-实验-高等学校-教材　Ⅳ．①TS201.1-33

中国版本图书馆 CIP 数据核字（2014）第 071608 号

责任编辑：赵玉清　　　　　　　　文字编辑：魏　巍
责任校对：李　爽　　　　　　　　装帧设计：尹琳琳

出版发行：化学工业出版社（北京市东城区青年湖南街 13 号　邮政编码 100011）
印　　装：大厂聚鑫印刷有限责任公司
710mm×1000mm　1/16　印张 9½　字数 139 千字　　2014 年 8 月北京第 1 版第 1 次印刷

购书咨询：010-64518888（传真：010-64519686）　　售后服务：010-64518899
网　　址：http://www.cip.com.cn
凡购买本书，如有缺损质量问题，本社销售中心负责调换。

定　　价：22.00 元

前言

FOREWORD

食品科学与工程专业为工学门类下属的一级学科。1998年7月，教育部颁布了新的本科专业目录，将原来的食品工程、食品科学、制糖工程、粮食工程、油脂工程、烟草工程、食品卫生与检验、食品分析与检验、粮油贮藏、农产品储运与加工、水产品贮藏与加工、冷冻冷藏工程、蜂学（部分）13个专业方向都统一在食品科学与工程专业名下，从而体现了我国高等学校"宽口径、厚基础、重素质"的教育理念。但不同的学校各有特色，在培养方向上各有所侧重或在教学内容上各有宽窄。

目前高校中开设食品科学与工程专业的有200多所，专业理论教学的教材在学科专业规范的指导下选择比较集中，但实践性教材由于地域特点以及实验教学平台建设有很大差别。我校（广东海洋大学）2007年开始启动食品科学工程一级学科硕士点与博士点的建设，于2013年获博士授权，食品学院现有国家贝类加工技术研发分中心、广东省海洋食品学实验教学示范中心和广东省水产品加工与安全重点实验室等3个省（部）级科研与教学实验室（中心），以及1个厅级科研型重点实验室——广东省水产品深加工普通高校重点实验室等实践教学平台。学院高度重视人才培养质量，提高学生对专业乃至食品行业的兴趣，在人才培养方案中将食品类专业实验课程化，并以校内教学实习的方式集中实施，为此我们通过食品工艺综合实验、食品工厂设计与环境保护课程设计等实践过程对学生进行较全面的专业技能训练，以适应工厂生产实习和实际生产操作的需要。为此，我们根据多年来在专业实践教学方面的积累以及教研、教改的成果，并收集和参考国内外相关方面的资料和新信息，编写了这本实验教材，希望能丰富食品科学与工程专业的实验系列教学。

本书内容包含了粮食类产品工艺、果蔬类产品工艺、畜禽类产品工艺、糖果工艺、水产品工艺、食品加工机械与设备6个方面39个实验。教材注重食品生产加工的应用特征，注重每个工艺技术原理的应用与产品实验的可操作性，并与实际工业生产过程相联系。让学生从模仿开始，逐渐学会产品的工艺设计、产品生产、产品评价等实验内容。本书可作为高等院校相关专业的实验教材和参考书，也可作为食品、农副产品加工等相关领域从事科学研究和加工生产人员的参考资料。

本书共分为六章，由李秀娟担任主编。具体分工如下：第一章和第二章由李秀娟编写，第三章和第五章由毛伟杰编写，第四章由刘书成和曹文红合编，第六章由杨萍编写。

由于编者水平有限，书中尚存不足之处，恳请同行专家和读者批评赐教。

李秀娟

2014 年 3 月

目录

CONTENTS

第一章

粮食类产品工艺实验

实验一 面粉面筋的测定

一、实验目的

面粉中含有蛋白质约 12％，其中一半以上是面筋。面筋不溶于水，但吸水力很强。吸水后立即膨胀，从而形成紧密坚固与橡胶相似的弹性物质。通常加工精度高的面粉，其面筋含量也较高，加工制成的馒头、面包，松软可口。小麦和面粉发生异常变化时，其面筋含量和性质均有变化。因此测定小麦面筋含量和性质，是衡量其品质好坏的一项重要指标。

二、实验仪器设备

天平（1/100）1 台，小碗 2 个，量筒（10mL 或 20mL）1 个，100mL 烧杯 1 个，玻璃棒（或牛角匙）1 根，盆 1 个，直径 1.00mm 的圆孔筛或装有 CQ20 筛绢的筛子 1 个，表面皿 1 个，滤纸 1 盒，电热烘箱 1 台，30cm 米尺 1 根。

试剂：碘-碘化钾溶液（称取 0.1g 碘和 1.0g 碘化钾，用水溶解后再加水至 250mL），用于检查淀粉是否洗净；2％的盐水溶液。

三、测定方法

（一）湿面筋的测定

1. 水洗法

（1）称样：从样品中称取定量试样，特二等粉 15.00g，标准粉 20.00g，普通粉 25.00g。

（2）和面：将试样放进洁净的碗中，加入相当于试样一半的水（20～25℃），用玻璃棒搅和，再用手和成面团，直至不粘手为止。然后放入盛有水的烧杯中，在室温下静置 20min。

（3）洗涤：将面团放在手上，再放入有圆孔筛的盆的水中轻轻揉搓，洗去面团内的淀粉、麸皮等物质。在揉洗过程中必须注意更换盆中清水数次（换水时注意筛上是否有面筋散失）。反复揉洗至面筋挤出的水遇碘液无蓝色反应为止。

（4）排水：将洗净的面筋放在洁净的玻璃板上，用另一块玻璃板压挤面筋，排出面筋中游离水，每压一次后取下并擦干玻璃板。反复压挤直到稍感面筋有粘板时为止（约压挤 15 次）。

（5）称重：排水后取出面筋在预先烘干称重的表面皿或滤纸（W_0）上，称总质量（W_1）。

（6）计算：

$$湿面筋含量(\%)=[(W_1-W_0)/W]\times100\% \tag{1-1}$$

式中，W_0——表面皿（或滤纸）质量，g；W_1——湿面筋和表面皿（或滤纸）质量，g；W——试样质量，g。

2. 盐水洗涤法

（1）称样及和面：称取 10.00g 小麦粉样品于小碗中，加入 2% 的盐水溶液 5.6mL，用玻璃棒或牛角匙拌和面粉，然后用手揉捏成表面光滑的面团。

（2）洗涤：将面团放在手掌中心，开启盐水洗涤装置开关，使盐水缓滴至面团上（盐水流速调节为每分钟 60～80mL），同时，用另一食指和中指压挤面团，不断压平，卷回，以洗去面团中淀粉、盐溶性蛋白质及麸皮，洗至面筋团形成后（约 5min），关闭盐水，再将已形成的面筋团继续用自来水冲洗，揉捏，直至面筋中的麸皮和淀粉洗净为止。

（3）检查：将面筋放入碗中，加清水约 5mL，用手揉捏数次，取出面筋，在水中加入碘液 3～5 滴，混匀后放置 1min，如已洗净，则此水溶液不呈蓝色，否则应继续用自来水洗涤。

（4）排水、称重及计算结果同上。

（二）干面筋的测定

1. 操作方法：将已称量的湿面筋在表面皿或滤纸上摊成一薄片片状，一并放入 105℃ 电烘箱内烘 2h 左右，取出冷却称重，再烘 30min，冷却称重，直至两次质量差不超过 0.01g，得干面筋和表面皿（滤纸）共重（W_2）。

2. 结果计算

$$干面筋含量(\%)=[(W_2-W_0)/W]\times100\% \tag{1-2}$$

式中，W_0——表面皿（或滤纸）质量，g；W_2——干面筋和表面皿（或滤纸）质量，g；W——试样质量，g。

四、面筋的持水率计算

$$面筋持水率(\%)=(W_1-W_2/W_1-W_0)\times100\% \tag{1-3}$$

注式（1-3）中 W_1、W_2、W_0 均取式（1-1）、式（1-2）中的值。

五、面筋颜色、气味、弹性和延伸性的鉴定

（一）面筋颜色、气味鉴定

湿面筋有淡灰色、深灰色等，以淡灰色为好，煮熟的面筋为灰白色，品质正常的面筋略有小麦粉气味。

（二）面筋的弹性和延伸性鉴定

湿面筋的弹性，指面筋被拉伸或按压后恢复到初始状态的能力。其简易测定方法如下：将球形的面筋放在玻璃板上，用手轻轻按下，观察复原所需时间。弹性分为强、中、弱三类。强弹性面筋不粘手，复原能力强；弱弹性面筋，粘手，几乎无弹性，易断碎。

湿面筋的延伸性，指面筋被拉伸时所表现的延伸能力。其简易测定方法如下：称取湿面筋 4g，在 20～30℃清水中静置 15min，取出后搓成 5cm 长条，用双手的食指、中指和拇指拿住两端，左手放在米尺零点处，右手沿米尺拉伸至断裂为止。记录断裂时的长度，填入实验数据记录表内。长度在 15cm 以上的为延伸性好，8～15cm 为延伸性中等，8cm 以下为延伸性差。

洗后面筋的延伸长度与静置时间长短有密切关系。静置时间长，延伸长度随之增加。

按照弹性和延伸性，面筋分为 3 等：

上等面筋：弹性强，延伸性好或中等；

中等面筋：弹性强而延伸性差，或弹性中等而延伸性好；

下等面筋：无弹性，拉伸时易断裂或不易粘聚。

六、实验数据记录

品名	湿面筋物理性质					面筋品质
	%	颜色	气味	弹性	延伸性	
面粉 1						
面粉 2						
面粉 3						

七、思考题

1. 什么是面筋？为什么洗面筋需洗至挤出水遇碘不变蓝为止？

2. 根据实验结果，三种面粉分别属于什么面粉，一般用于做什么产品？

实验二 蛋糕的制作

一、实验目的

1. 了解蛋糕类食品加工的基本方法和工艺。
2. 通过观察，了解卵、油脂、糖、发粉等材料在蛋糕加工中的性能。
3. 重点掌握卵白、卵黄的起泡性差别、其对蛋糕组织的影响。

二、实验原理

蛋白的主要成分是蛋白质，具有表面张力和蒸汽压低等特性。将蛋白与蛋黄分开，观察蛋白表面与空气的接触界面凝固，形成皮膜。由于蛋白具有这种性质，蛋白经搅打，在表面张力的作用下包入大量空气，形成稳定的泡沫结构。蛋白在搅打过程中可分为四个阶段：第一阶段是蛋白经搅打后呈液体状态，表面浮起很多不规则的气泡；第二阶段是蛋白搅拌后渐渐凝固起来，表面不规则的气泡消失，而形成许多均匀的细小气泡，蛋白洁白而有光泽，手指勾起时形成一细长尖锋，在手指上不下坠，这一阶段有时也称湿性发泡阶段；第三阶段，蛋白继续搅拌，达到干性发泡阶段，颜色雪白而无光泽，手指勾起时呈坚硬的尖锋，此尖锋倒置也不会弯曲；第四阶段，蛋白已经完全形成球形凝固状，用手指无法勾起尖锋，这阶段也称棉絮状阶段。影响蛋白起泡性的主要因素有：蛋白的性质与温度，蛋白的新鲜程度，搅拌方法和添加剂。

将搅好的鸡蛋泡沫中小心拌入过筛面粉，并放入烤炉中烘烤至蛋和面粉蛋白质凝固，淀粉部分糊化，空气（发粉产生的二氧化碳）·的膨胀以及气泡中的水蒸气压力的作用，在蛋糕中导入大量气泡，形成蛋糕特有的细密组织结构。

三、实验仪器设备

电炉、台秤、打蛋器、蛋糕成型模具、烤盘、远红外烤箱、刮板（或不锈钢调羹）、不锈钢盆和碗。

四、实验材料

低筋粉、淀粉、塔塔粉、吉士粉、奶粉、幼砂糖、色拉油、奶油、蛋糕油、鸡蛋、浓缩橙汁、浓缩柠檬汁、裱花袋等各种原辅料。

五、实验方法

（一）海绵蛋糕制作

1. 配方：糕点专用粉 63g、淀粉 7g、砂糖 70g、鸡蛋 2 个（100g）、甘油 3.8g（蛋糕油 10g）、香兰素少许。

2. 制作工艺

原材料准备与称量→蛋糕面糊的制备→装模→烘烤→冷却→鉴评

3. 工艺操作要点

（1）海绵蛋糕蛋白膏可用多种方法：a. 打蛋时，将卵黄和卵白分开，先打卵白，再倒入卵黄打发；b. 打蛋时，卵黄和卵白一起打发；c. 打蛋时，将卵黄和卵白分开，先打卵白，再倒入卵黄打发，然后加入油脂；d. 打蛋时，先将卵黄和卵白分开，先打卵白，再倒入卵黄打发，然后加入发粉。

（2）将烤炉测试调温至面火 170～180℃，底火 190～200℃。

（3）将面粉过筛（使用发粉的，可将发粉加入面粉中搅拌均匀）。

（4）选择一种蛋白膏制作方法，将蛋与糖一起充分搅打起发直至成为有一定稠度、光洁而细腻的白色泡沫膏。打蛋器向上提起时能拉出较稳定的角为好。

（5）缓慢加入甘油、香料等液体成分。

（6）加入已过筛的面粉，用刮板混合。方法是：从底部往上捞起，同时转动搅拌盆，混匀至无面粉颗粒即止。混合时操作要轻，以免弄破泡沫，且不要久混以防面筋化作用。

（7）将制好的浆料装入已涂油的蛋糕纸杯中，轻轻将表面抹平，即送入炉中烘烤。

（8）放入面火 170～180℃，底火 190～200℃的烘烤炉中，烘烤 10～20min。

（9）将蛋糕取出，冷却。

（10）参考 GB/T 24303—2009，对蛋糕产品进行感官评价。

（二）戚风蛋糕制作

1. 配方

蛋黄部分：蛋黄 50g、低筋面粉 100g、水 60g、白砂糖 20g、色拉油 50g、精盐 1g。

蛋白部分：蛋白 100g、白砂糖 50g、塔塔粉 1g。

2. 制作工艺

原材料准备与称量→分蛋（分别制作蛋白膏和蛋黄糊）→蛋糕面糊的混合→装模→烘烤→冷却→鉴评

3. 制作方法

（1）先将 4～5 个鸡蛋的蛋黄跟蛋白分开，要分干净。

（2）蛋白和塔塔粉倒入不锈钢盆里，用打蛋器搅打至蛋白呈粗泡沫状且颜色发白时，倒入白糖，继续搅打至蛋白呈软峰状（即蛋白膏的峰尖挺立不下垂）并硬性发泡。

（3）蛋黄和白糖倒入不锈钢盆中，用打蛋器搅打至白糖溶化且蛋黄液呈乳白色时，再分多次加入色拉油和清水搅拌均匀，然后放入过筛后的面粉和精盐，轻轻搅拌均匀。

（4）先将约 1/3 的蛋白膏倒入蛋黄糊里轻轻搅匀，再将其倒回剩余的蛋白膏中轻轻搅匀。

（5）将混合好的蛋糕糊倒入模具中并刮平，然后放入炉温为上火 160℃、下火 180℃的烤箱内，烘烤约 30min，烤熟即取出。

（6）将蛋糕取出，冷却。

（7）参考 GB/T 24303—2009，对蛋糕产品进行感官评价。

六、实验数据记录

1. 实验实际用原料总重。

2. 蛋白、蛋黄打发时间。

3. 蛋糕糊入炉烘烤实际温度与时间。

4. 蛋糕重量与体积。

5. 蛋糕感官分析（色、香、味与质地）。

序号	比容(30分)	表面状况(10分)	内部结构(30分)	弹柔性(10分)	口感(20分)

七、思考题

1. 制作蛋糕为什么宜用中筋粉？

2. 蛋糕烘烤与面包烘烤有何不同？

3. 简述海绵蛋糕与戚风蛋糕制作上的异同点。

实验三　饼干的制作

一、实验目的

1. 通过桃酥、曲奇饼等饼干的制作，掌握酥性饼干加工的基本原理及加工工艺过程。

2. 了解一些食品添加剂的性能及其在饼干生产中的应用。

二、实验原理

饼干是以中低筋面粉为主要原料，加以油脂、糖、盐、奶、蛋、水、膨松剂等辅料，经过和面、压片、成形、烘烤等加工工序，生产出酥脆可口的烘烤食品。

酥性饼干是饼干中常见的一类，配方中油脂和砂糖的用量较多，加水量较少。调制面团时，为避免形成面筋，工艺上采取先将小麦粉以外的原辅料混合成糨糊状的混合物（辅料预混），如将糖、油、水、乳品、蛋品、膨松剂等原料倒入调粉机内，搅拌均匀，使混合液充分乳化形成乳浊液，然后再加入小麦粉、淀粉等原料调成面团。这种投料顺序避免了小麦粉和水的直接接触，限制了面筋性蛋白质的吸水胀润，控制了面筋的形成。形成具有较大的可塑性和有限的黏弹性，成型操作中不粘辊筒和模具，饼坯花纹清晰，不收缩变形；烘烤时有一定程度的胀发率、口感松脆等特点。

三、实验仪器设备

电炉、台秤、调粉机、小型压面机、饼干成型模具、烤盘、远红外烤箱、刮板（或不锈钢调羹）、不锈钢盆和碗。

四、实验材料

中、低筋粉、粟粉、澄面、奶粉、幼砂糖、吉士粉、油、牛油、鸡蛋、碳酸氢氨、泡打粉、裱花袋等各种原辅料。

五、实验方法

（一）桃酥的制作

1. 产品配方

面粉 30g、白糖 12g、花生油 12g、碳酸氢氨 0.6g、泡打粉 0.6g、鸡蛋 4g、水 4g；

外用料：芝麻 1.5g。

2. 工艺流程

称料→调粉→成型→烘烤→冷却→包装

3. 操作要点

（1）调制面团：首先将糖、鸡蛋、油、碳酸氢铵、泡打粉置于和面机内搅拌均匀后，再放入水搅拌均匀，最后加入面粉调制成软硬适度的面团。但调制时间不宜过长，防止面团上劲。

（2）成型：把调制好的面团分成小剂，用手拍成高状圆形，按入模内，按模时应按实按平，然后削平、磕出，成型要按要求。将磕出的生坯以适当的行间距码入烤盘内，最后在每个生坯中间按一个凹眼，分别撒芝麻。

（3）烘烤：入炉。上下火力要稳，不宜高。一般在 160℃左右，上下火力一致，熟透后出炉，冷却包装。

（4）参考 GB/T 20980—2007，对饼干产品进行感官评价。

（二）牛油曲奇

1. 产品配方

低筋粉 250g、粟粉 100g、澄面 50g、黄牛油 225g、鸡蛋 125g、幼砂糖 150g、吉士粉少许。

2. 工艺流程

称料→调粉→成型→烘烤→冷却→包装

3. 操作要点

（1）调制油面浆：将鸡蛋与糖搅拌至糖完全溶解，在面板上搓匀牛油，将蛋糖水分次加入到搓匀的牛油中，蛋糖水加完并混匀后，可加入粉料，轻揉将面粉与牛油浆混合物混匀即可。

（2）成型：把调制好的油面浆装入糕点袋（不要满过袋的 2/3），将袋裹起来，并将其顶部稍为绞一下。擦去袋外的混合物，用手挤出混合物到烤盘里，注意挤出的饼胚大小要差不多，行间距适当。

（3）烘烤：入炉。上下火力要稳，不宜高。一般在上火 180℃左右，下火170℃左右，时间 15～20min，熟透后出炉，冷却包装。

（4）参考 GB/T 20980—2007，对饼干产品进行感官评价。

（三）韧性薄脆饼干的制作

1. 产品配方

饼干粉 10g、色拉油 1g、白砂糖 2g、奶粉 0.13g、香兰素 0.007g、泡打粉0.017g、奶油精 0.02g、芝麻香精 0.02g、碳酸氢铵 0.08g、碳酸氢钠 0.04g、焦亚硫酸钠 0.007g、单甘酯 0.005g、水 2.3～2.4g。

2. 工艺流程

原辅料预处理→面团的调制→辊轧→成型→烘烤→冷却→包装

3. 操作说明

（1）糖浆的配制：0.5kg 水烧开加入白砂糖，将糖完全溶解烧开后，加入柠檬酸 10g，慢火加热 5min，冷却，待用。

（2）面团的调制：首先将面粉、奶粉、泡打粉称好后倒入和面机内搅匀，加入油、糖浆搅拌，在将香兰素、碳酸氢铵、碳酸氢钠、单甘酯用凉水溶解后加入，再加入各种香精，面料搅拌 5min 后，面筋初步形成时加入焦亚硫酸钠溶解液（焦亚硫酸钠用水溶解），继续搅拌，搅拌到使已经形成的面筋在机浆作用下，逐渐超越其弹性限度使弹性降低时为止。

（3）辊轧：经过三道辊轧的面团可使制品的横切面有清晰的层次结构。

（4）成型：冲印成型。

（5）烘烤：温度 185～220℃。

（6）冷却、包装：饼干刚出炉时，由于表面层的温度差较大，为了防止饼干破裂、收缩和便于贮存，必须待其冷却到 30～40℃后，才能进行包装。

(7) 参考 GB/T 20980—2007，对饼干产品进行感官评价。

六、实验数据记录与计算

1. 实验实际用原料总重。

2. 实际制作时间（搓油时间、成型时间）。

3. 实际烘烤温度与时间。

4. 成品重量与个数，计算成品率。

5. 饼干感官分析（色、香、味、质地）。

序号	形态(30分)	色泽(10分)	滋味和口感(30分)	组织(20分)	冲调性(韧性饼干)(10分)

附 1-1——酥性饼干感官质量标准

项 目	要 求	
	酥性饼干	韧性饼干
色泽	呈金黄色或黄褐色，基本均匀，表面有光泽，无白粉	呈金黄色或黄褐色，基本均匀，表面有光泽，无白粉
滋味、口感	具有本产品应有的香味，无异味，口感酥松或松脆，不粘牙	具有本产品应有的香味，无异味，口感酥松细腻，不粘牙
组织	断面有细小均匀的蜂窝	断面有层次
形态	花纹清晰，外形完整、薄厚大致均匀，不得有起泡或较大凹底	花纹清晰，外形完整、薄厚大致均匀，不得有起泡或较大凹底
冲调性		10g 冲泡型韧性饼干在 50mL、70℃温水中充分吸水成糊状

七、思考题

1. 制作酥性饼干面团调制原理和方法。

2. 酥性饼干制作中关键工艺参数？

3. 简述酥性饼干与韧性饼干制作上的异同点。

实验四 面包的制作

一、实验目的

1. 加深理解面包加工的基本方法和工艺。

2. 通过观察，了解水、酵母、盐、糖等材料对面包加工、组织的影响。

二、实验原理

小麦粉含特有的面筋蛋白，面筋蛋白的氨基酸中，约有十分之一的含硫氨基酸（如胱氨酸和半胱氨酸等）。这些—S—S—键和—SH键对于面筋的结合和物理性质都有着极其重要的作用。其中—S—S—为氧化型键，而—SH为还原型键。随着小麦粉水化后搅拌的进行，两个—SH键可以被氧化而失去两个H原子后变成一个—S—S—键；而—SH键中的H原子有容易移动的性质，使得—SH键、—S—S—键位置容易移动，这也就使面筋蛋白质分子能够相互滑动、错位，并结合成大的分子。为了使面筋形成巨大的分子而连成网络，就需要使分子间的键相接近或互相有移动。调制面团时的搅拌，就是通过对水化了的面筋进行揉捏，使之形成良好的面筋组织，调制成具有良好的持气能力的面团再利用酵母具有的产气能力形成面包生胚，在烤炉中烘烤成熟，产生各种香味物质，制成色、香、味俱全的面包。

三、实验仪器设备

和面机（调粉机）、醒发柜、压片机、面包体积测定仪、烤炉、台秤、粉筛、不锈钢切刀、烤模、烤盘、刮板（或不锈钢调羹）、不锈钢盆和碗等。

四、实验原辅材料

高筋面粉、酵母、盐、油、鲜鸡蛋、糖、面包改良剂、奶粉等。

五、实验方法

（一）面包的一次发酵生产工艺

1. 配方

A：细糖 225g、蜂蜜 15g、全蛋 1 个、水 600g；

B：高筋粉 1500g、酵母 13.5g、奶粉 60g；

C：食盐 15g、奶油 75g。

2. 操作工艺

配料→搅拌→发酵→切块→搓团→整形→醒发→焙烤→冷却→成品

3. 操作要点

（1）搅拌：A 部分溶化糖，加 B 部分打至面团起筋，加入 C 部分拌匀。

（2）压面：压面至光滑即可。

（3）分割滚圆：80g/个，滚圆后松弛 10min。

（4）成型：成圆形或其他。

（5）醒发：温度 36～38℃，湿度 80%，90～120min。

（6）焙烤：上火 190℃，下火 200℃，8～10min，取出，冷却。

（7）参考 GB/T 20981—2007，对面包产品进行感官评价。

（二）面包的二次发酵生产工艺

1. 配方

种子面团部分：面包专用粉 1400g、活性酵母 21g、面包改良剂 12g、精盐 14g、水 700g。

主面团部分：面包专用粉 600g、活性酵母 9g、白砂糖 300g、精盐 6g、奶粉 80g、油 100g、鸡蛋 1 个、水 84g。

2. 操作工艺

种子面团配料→种子面团搅拌→种子面团发酵→主面团配料→主面团搅拌→主面团发酵→切块→搓团→整形→醒发→焙烤→冷却→成品

3. 操作要点

（1）先将原辅料过过筛，按配方分别称量，将辅料鸡蛋用打蛋器打散。

（2）第一次调粉：按种子面团的配料一起加入调粉机中，先慢速搅拌，物料混合后中速搅拌约10min使物料充分起筋成为粗稠而光滑的酵母面团，调制好的面团温度应在27～29℃（可视当时面粉温度加水调节温度以达要求）。

（3）第一次发酵：面团中插入一根温度计，放入（29±2）℃恒温培养箱中的容器内，静止发酵2～2.5h，观察发酵成熟（发起的面团用手轻轻一按能微微塌陷）既可取出。注意发酵时面团温度不要超过32℃。

（4）第二次调粉：将主面团的原辅料与经上述发酵成熟的面团一起加入调粉机。先慢速拌匀后，中速搅拌10～12min，成为光滑均一的面团。

（5）第二次发酵：方法与第一次相同，时间约需1.5～2h。

面团的发酵"成熟"，表示面团发酵产气速率与持气能力度达到最大限度。鉴别面团发酵成熟度的方法有以下几种。

A. 用手指轻轻插入面团内部，待手指拿出后，如四周面团不再向凹处塌陷，被压凹的面团也不立即复原，仅在凹处周围略微下落，表示面团发酵成熟；如果被压凹的面团很快恢复原状，表示发酵不足，属于面团嫩；如果凹下的面团随手指离开而很快跌落，表示发酵过度，属于老面团。

B. 用手将面团掰开，如面团内部呈丝瓜瓤状并有酒香，说明面团发酵已经成熟。

C. 温度法。面团发酵成熟后，一般温度上升4～6℃。

（6）整形：整形包括分块、称量、搓圆、中间醒发、压片、成型。即将发酵好的面团做成一定形状的面包坯。在整形期间，面团仍进行着发酵过程，整形室所要求的条件是温度26～28℃，相对湿度85%。

（7）醒发：装有生坯的烤模，置于调温调湿箱内，箱内调节温度（38±2)℃，相对湿度90%～95%，醒发时间45～60min，一般观察生坯发起的最高点略高出烤模上口即醒发成熟，立即烘烤。

（8）烘烤：取出的生坯应立即置于烤盘上，推入炉温已预热至210～230℃的远红外食品烘箱内，起先只开底火，不开面火，这样，炉内的温度可逐渐下降，应观察注意，待炉内生坯发起到应有高度（可快速打开炉门观察）立即打开面火，温度又会上升，当观察面包表面色泽略浅于应有颜色时，关掉面火，底火继续加热，此时炉温可基本保持平衡，直至面包烤熟后立即去处，一般观察到烤炉出气孔直冒蒸汽，烘烤总时间达 5～10min 即能成熟。须注意在烘烤中炉温起伏应控制在 220～230℃。烘烤前可在面包坯表面刷一层蛋液，以使成品表皮光亮。焙烤的最佳温度、时间组合必须在实践中摸索，根据烤炉不同、配料不同、面包大小不同具体确定。

(9) 冷却：出炉的面包待稍冷后拖出烤模，置于空气中自然冷却至室温。

(10) 参考 GB/T 20981—2007，对面包产品进行感官评价。

六、实验数据记录与计算

1. 实验实际用原料总重。

2. 实际制作时间（第一、二次调粉时间、种子面团与主面团温度、整形时间、醒发温度与时间）。

3. 实际烘烤温度与时间。

4. 成品重量与个数，计算成品率。

5. 面包感官分析（色、香、味、质地）。

序号	形态(10分)	色泽(10分)	滋味和口感(40分)	组织(20分)	比容/(mL/g)(20分)

七、思考题

1. 制作面包对面粉原料有何要求？为什么？

2. 采用二次发酵法生产面包有哪些特点？

3. 糖、乳制品、蛋制品等辅料对面包质量有何影响？

4. 面包烘烤时，为什么面火要比底火迟打开一段时间？

实验五 豆腐的加工

一、实验目的

1. 掌握豆腐制作的基本原理，探索影响豆腐凝胶质量的因素。

2. 比较不同品种豆腐的加工方法，建立简便可行的豆腐品质测定方法。

3. 简述不同的凝固剂及其浓度，以及加工条件对豆腐凝胶强度、持水能力和豆腐微观结构的影响，分析不同类型凝固剂的凝固作用机理。

二、实验原理

豆腐是用大豆为原料加工成的高度水化的大豆蛋白质三维网络结构的凝胶产品。豆腐生产原理是先把大豆蛋白质等从大豆中提取出来成为豆浆，然后在豆浆中加入凝固剂，大豆蛋白质立即凝固形成凝胶体——豆腐。虽然不同品种的豆腐采用不同的加工方法，但都有一个凝固剂与豆浆混合的过程。一定浓度的豆浆在一定温度下才能与凝固剂作用起凝固效果。凝固剂有酸类（如醋酸、乳酸、葡萄糖酸）钙盐（如石膏）和镁盐（如盐卤）。豆腐的含水量及形态规格不同，可通过凝固时操作及压制成型而调整。

用葡萄糖酸内酯为凝固剂生产豆腐，利用了 δ-葡萄糖酸内酯的水解特性——葡萄糖酸内酯并不能使蛋白质胶凝，只有其水解后生成的葡萄糖酸才有此作用。葡萄糖酸内酯遇水会水解，但在室温下（30℃以下）进行得很缓慢，而加热之后则会迅速水解。内酯豆腐的生产过程中，煮浆使蛋白质形成前凝胶，为蛋白质的胶凝创造了条件，熟豆浆冷却后，为混合，灌装，封口等工艺创造了条件，混有葡萄糖酸内酯的冷熟豆浆经加热后，即可在包装内形成具有一定弹性和形状的凝胶体——内酯豆腐。

三、实验仪器设备

台秤、加热锅、磨浆机（或九阳豆浆机）、水浴锅、折光仪、豆腐塑料套盒、电炉、过滤布（80～120目）等。

四、实验材料

大豆、δ-葡萄糖酸内酯、熟石膏、盐卤、醋酸、乳酸、葡萄糖酸等各种原辅料。

五、实验方法

（一）石膏豆腐的加工

1. 配方：大豆100g、水约900g、熟石膏2.2%～3.0%。

2. 制作工艺

大豆→选料除杂→浸泡→磨浆→滤浆→煮浆→点脑→蹲脑→破脑→上脑→加压成型→成品

3. 工艺操作要点

（1）浸泡：水质中性或微碱性为佳。浸泡大豆的用水量为大豆重量的2～2.3倍，浸泡好的湿大豆约为原料干豆重量的2.0～2.2倍。25～30℃下约浸泡8h。

（2）磨浆：在磨豆时，加水量一般为每1份泡好的大豆加水2～5份，滤布过滤。

（3）煮浆：豆浆中加热煮沸，温度为95～100℃，煮浆时间约7～10min。

（4）点脑：又称点浆，将凝固剂石膏（多用熟石膏，$CaSO_4 \cdot 1/2H_2O$）2～3g均匀分散在50～100mL水中，豆浆温度一般为85～90℃，将无沉淀的石膏水一次性倒入豆浆中，快速搅拌6～8次，静置15min（养花）。

（5）上脑：也称上箱，即将凝固适度的豆脑舀入铺好包布的塑料模子中。加压使蛋白质凝胶更好的接近、黏合。同时使豆腐脑内一部分豆腐水通过包布而排出。压榨时间约15～25min，豆腐压成后出包，冷却即得产品。

（6）参考GB/T 22106—2008，对豆腐产品进行感官评价。

（二）内酯豆腐加工

1. 参考配方：大豆1000g、水约3000g、葡萄糖酸内酯0.25%～0.3%。

2. 工艺流程

原料→浸泡→水洗→磨制分离→煮浆→冷却→混合→灌装→加热成型→冷却→成品

3. 操作要点

（1）浸泡　按 1：4 添加泡豆水，水温 17～25℃，pH 值在 6.5 以上，时间为 6～8h，浸泡适当的大豆表面比较光亮，没有皱皮，豆瓣易被手指掐断。

（2）水洗　用自来水清洗浸泡的大豆，去除浮皮和杂质，降低泡豆的酸度。

（3）磨制　用磨浆机磨制水洗的泡豆，磨制时每千克原料豆加入 50～55℃的热水 3000mL。

（4）煮浆　煮浆使蛋白质发生热变性，煮浆温度要求达到 95～98℃，保持 2min，豆浆的浓度约在 10%～11%。

（5）冷却　葡萄糖酸内酯在 30℃ 以下不发生凝固作用，为使它能与豆浆均匀混合，把豆浆冷却至 30℃。

（6）混合　葡萄糖酸内酯的加入量为豆浆的 0.25%～0.3%，先与少量凉豆浆混合溶化后再加入，混匀后立即灌装。

（7）灌装　把混合好的豆浆注入包装盒内，每袋重 250g，封口。

（8）加热凝固　把灌装的豆浆盒放入锅中加热，当温度超过 50℃ 后，葡萄糖酸内酯开始发挥凝固作用，使盒内的豆浆逐渐形成豆脑，加热的水温为 85～100℃，加热时间为 20～30min，到时间后立即冷却，以保持豆腐的形状。

（9）参考 GB/T 22106—2008，对豆腐产品进行感官评价。

六、实验数据记录

1. 实验实际用原料总重。

2. 泡豆温度、时间，质量。

3. 磨浆的豆浆浓度、豆浆加热温度与时间。

4. 凝固剂加入量与养花、压榨工艺参数。

5. 豆腐感官分析（色、香、味与质地）。

序号	形态(30分)	质地(40分)	色泽(10分)	滋味口感(20分)

七、思考题

1. 为什么要浸泡的豆才能磨浆?

2. 加热对于大豆蛋白由溶胶转变为凝胶有何作用?

3. 制作内酯豆腐的两次加热各有什么作用。

实验六 凉粉的制作

一、实验目的

1. 了解淀粉老化及应用。
2. 理解凉粉加工工艺原理。

二、实验原理

淀粉加入适量水，加热搅拌糊化成淀粉糊（α-淀粉），冷却或冷冻后，会变得不透明甚至凝结而沉淀，这种现象称为淀粉的老化。

将淀粉拌水制成糊状物，后在沸水中煮沸片刻，令其糊化，水冷，即得凉粉。凉粉的生产就是利用了淀粉老化这一特性。

三、实验仪器设备

台秤、不锈钢锅、电炉、汤匙等。

四、实验材料

淀粉（红薯、马铃薯、豆类淀粉均可）、明矾。

五、实验方法

1. 将 100g 淀粉加 1000g 水放入锅中，边搅拌边加热，搅至汁液变黏稠时，不加或加入 2～3g 明矾和少量食用色素，搅匀后熬煮片刻，当搅动感到轻松表明已熟，可出锅倒入预先准备好的容器，冷却后即成。

2. 将 100g 淀粉和温水 200g，不加或加明矾粉 2g，调和均匀后，冲入 200g 沸水，边冲边搅，使淀粉熟化，再倒入预先准备好的容器，冷却后即成。

六、实验数据记录

1. 实验实际用原料总重。

2. 第一种方法和第二种方法的工艺时间和产品质量。

3. 添加与不添加明矾的产品感官质量比较。

序号	形态(30分)	质地(30分)	色泽(10分)	滋味口感(30分)

七、思考题

1. 通过本实验，你认为可以采取哪些措施提高凉粉的质量？

2. 简述薯类淀粉的糊化和老化机理。

实验七 速煮米的加工

一、实验目的

1. 掌握在实验室条件下，将大米制成速煮米的方法。
2. 了解不同品种大米制成速煮米的工艺难点。

二、实验原理

以淀粉的糊化和回生（老化）现象为基础，通过一定工艺条件来控制大米制品的糊化度和质构，从而改善其复水性能。将米经一定的处理，使其吸水性有较大程度的改善，能较短时间内吸收较多的水分，并使大米淀粉有一定程度的预糊化，保持α-淀粉的混乱结构，从而缩短食用时的再处理时间。

三、实验仪器设备

台秤、漏篮、勺子、不锈钢锅、盘、电炉、汤匙等。

四、实验材料

市售籼米、粳米、糯米。

五、实验方法

（一）工艺流程

白米→室温浸泡→煮→沥水→冷却→冷水洗涤→干燥→成品

（二）工艺要点

1. 大米去杂、去碎米，用天平称 100g 白米，在室温下浸至水分含量达 30%。

2. 过量水中煮 8～10min（籼米 7.5min，粳米 5min，糯米 4min）。

3. 米粒膨胀，糊化，吸水至水分含量为 65％～70％。

4. 沥去水分，用冷水浸 1～2min，以使米粒表面回生，除去黏性，避免米粒粘连。

5. 米粒置于筛网上放入干室内，用热风干燥，热空气进口温度 140℃，速度 6m/min，米粒水分含量为 8％～14％，干燥温度高，保证表面水分快速蒸发，使米粒产生多孔结构，体积膨胀 2 倍。

六、实验数据记录与计算

1. 白米在不同温度下达 30％含水量的时间。

2. 计算出饭率及成品率。

出饭率(％)＝(实验后籼糯米总质量/实验前的籼糯米质量)×100％

成品率(％)＝(成品/原米质量)×100％

3. 速煮米产品感官质量比较。

序号	形态(30分)	色泽(10分)	成品率(30分)	复水后滋味口感(30分)

七、思考题

1. 通过本实验，你认为可以采取哪些措施提高速煮米的复水率？

2. 比较籼米、粳米、籼糯米制出米饭的品质，各种速煮米经过复水后的复水率，复水后的品质。

实验八　粒状脱水薯泥的加工

一、实验目的

1. 了解甘薯、马铃薯全粉加工方法。
2. 理解粒状薯泥制备工艺原理。

二、实验原理

粒状脱水薯泥作为一种全薯的脱水制品，保存了整薯的全部干物质，且其复水后的薯全粉呈新鲜薯蒸熟后捣成的泥状，拥有营养，风味和口感。通过让鲜薯的熟化挤压成泥后，采用回填粉与之充分混合均匀后放入 10 目的造粒机内造粒，随后干燥成型。

三、实验仪器设备

台秤、电热恒温鼓风干燥箱、高压锅、微波炉、造粒机、勺子、不锈钢锅、盘、电炉、汤匙等。

四、实验材料

市售甘薯、马铃薯、玉米淀粉、木薯淀粉等。

五、实验方法

（一）工艺流程

原料挑选→清洗→去皮→切片→蒸煮→粒化捣泥、回填→分散→干燥→过筛→10目成品
　　　　　　　　　　　　　　　　　　　　　　　└────循环────┘

（二）工艺要点

1. 切片：甘薯或马铃薯去皮切成 4～6mm。
2. 蒸煮：水蒸气加热蒸煮时间为 6～8min。

3. 制备回填粉：熟化后的甘薯可以进入干燥工艺。把熟化后的片状甘薯平铺在 35mm×25mm 的不锈钢网上，放入恒温鼓风干燥箱中干燥，干燥温度为 100℃。并用微粉碎机把薯片粉碎，过 80 目筛。

4. 回填：把熟化后的甘薯挤压成泥后，分别采用回填比 1∶0.3、1∶0.5、1∶0.7 称取薯泥和回填粉回填，使薯泥和回填粉充分混合均匀后放入 10 目的造粒机内造粒，并用托盘盛装。

5. 干燥：造粒后，把托盘放入恒温鼓风干燥箱中干燥，干燥温度为 100℃，每 30min 称量一次，并记录干燥时间。

6. 过筛：干燥后过 10 目筛网，记录过筛的颗粒的重量得到产品。

7. 包装：每 30g 一袋，充气包装，密封。

六、实验数据记录与计算

1. 计算甘薯或马铃薯原料利用率。

原料利用率（％）＝（去皮后薯的总质量/去皮前薯的质量）×100％

2. 计算出湿薯泥率。

出湿薯泥率（％）＝（实验湿薯泥的总质量/实验前生薯的质量）×100％

3. 计算成品率。

成品率（％）＝（成品/原料薯质量）×100％

序号	回填比	造粒难易度	干燥时间	复水后滋味口感	成品率
	1∶0.3				
	1∶0.5				
	1∶0.7				

七、思考题

1. 通过本实验，你认为可以采取哪些措施提高薯泥造粒效率？

2. 甘薯或马铃薯提取淀粉和制备全粉工艺原理有何异同？产品各有什么特点？

第二章

果蔬类产品工艺实验

实验一　糖水菠萝罐头加工

一、实验目的

1. 通过本实验了解糖水菠萝罐头的基本制造工艺过程。
2. 掌握糖水菠萝罐头加工的操作方法。
3. 掌握保证产品质量的关键操作步骤。

二、实验原理

将果蔬原料经过予处理加工之后，装入罐头容器内，再经排气密封，在高温下加热一定的时间，杀灭罐内的微生物。这样，罐内的产品就能达到长期保藏的目的。

三、实验仪器设备

水浴锅、天平、水果刀、灭菌锅、手持折光仪、不锈钢盆、电炉、液化气炉等。

四、实验原辅料

新鲜菠萝、砂糖（市售一级白砂糖）、柠檬酸。

五、实验方法

（一）工艺流程

原料果→洗果→切端、去皮→雕目、去果芯→切片→切块→漂洗→称量→装罐→加糖水→排气、密封→杀菌、冷却→成品

（二）工艺操作要点

1. 挑选新鲜：无腐烂、无病虫害的菠萝，尽可能选择大小、色泽、成熟度

一致的果实。

2. 切端、去皮：用刀将果实两端垂直于轴线切下，削去外皮，削皮时应将青皮削干净。

3. 雕目、去果芯：用刀沿果目螺旋方向雕除果目，深浅以正好能挖净果目为适宜。

4. 切片、切块：经雕目后的果实用小刀削除残留表皮及雕目残芽，清洗一遍后置于砧板上，用刀将果实六等份纵向切开，去除果芯。果肉切成厚度约为10～13mm 的扇形块，要求切面光滑，厚度一致。

5. 漂洗：切块后的菠萝肉扇块应进行漂洗，以除去碎屑杂质，然后用筛网滤去水分。

6. 糖水的配备

(1) 先用手持糖度计测量果肉的含糖量。

(2) 依据公式：

$$Y(\%) = (W_3 Z - W_1 X)/W_2 \times 100\%$$

式中，Y——应配糖果水浓度%；W_1——每罐固形物 g；W_2——每罐加入糖水量 g；W_3——每罐净重 g；Z——要求开罐时糖液的含量%；X——装罐前果肉可溶性固形物含量%。

(3) 根据应配糖水浓度，计算出应加糖量。

(4) 根据果肉量，估算出应配 Y 浓度的糖水质量。

(5) 根据 Y 浓度的糖水重量，算出水与糖的质量。

(6) 先称水重量置锅内煮沸，然后放入应加糖量，待糖溶解后，用双层滤布过滤。

7. 称量、装罐

(1) 装罐前，空罐、盖均用洗涤液洗干净，然后用 90～100℃沸水消毒 3～5min，把罐倒置，滴干水分备用。

(2) 称量时，要注意保证开罐检查时固形物重量不低于净重的 50%，计算收缩率。

(3) 装罐时应注意同一罐中菠萝扇块的大小、形状、色泽基本一致。

34

8. 注糖水：注糖水之前，柠檬酸按 0.1% 加入糖水中，注糖水时要注意留 8~10mm 的顶隙。

9. 排气密封：在水浴锅排气，要求罐内中心温度要达到 75~80℃，排气时间为 8~10min，然后密封。

10. 杀菌、冷却：将密封好的罐头在沸水浴中杀菌，保温 15min。产品分别在 85℃、65℃、45℃的热水中逐步冷却到 40~45℃。

11. 罐头在室温放置一周后，参考 GB/T 13207—2011，对菠萝罐头产品进行感官评价。

六、实验数据记录与计算

1. 计算菠萝的原料利用率（原料利用率＝去皮后菠萝的总质量/去皮前菠萝的质量）。

2. 计算

封口破罐率(%)＝(罐头封口破罐数/封口罐数)×100%

杀菌破罐率(%)＝(杀菌破罐数/杀菌罐数)×100%

总生产得率(%)＝(敲罐后好罐头罐数/装罐时罐数)×100%

序号	装罐果肉量	糖水量与浓度	排气温度与时间	杀菌温度与时间

一周后开罐检验

序号	净重	糖水浓度与 pH 值	果肉量	固形物/%	感官评价

七、思考题

1. 菠萝罐头加工过程中要注意哪几个主要环节？有哪些措施？

2. 出现产品固形物不达标的原因有哪些？

实验二　果脯的加工

一、实验目的

1. 了解果脯加工的基本原理。
2. 熟悉果脯加工的工艺流程，掌握果脯加工技术。

二、实验原理

果脯是基本保持去皮切分后原料状态的一类糖渍果品。它利用高糖溶液的高渗透压作用，降低水分活度作用、抗氧化作用来抑制微生物生长发育，提高维生素的保存率，改善制品色泽和风味。加工工艺原理本质是原料组织与一定浓度糖液之间的透糖平衡。各种工艺参数都是围绕提高糖渍效率展开的。

三、实验仪器设备

手持糖量计、热风干箱、不锈钢锅、电炉、挖核器、不锈钢刀、不锈钢锅、台秤、天平等。

四、实验原辅料

苹果（或梨、菠萝等）、柠檬酸、白砂糖、$NaHSO_3$ 或 Na_2SO_3、$CaCl_2$ 等。

五、实验方法

1. 工艺流程

原料选择→去皮→切分→去心→硫处理和硬化→糖煮→糖渍→烘干→包装

2. 操作要点

（1）原料的选择：选用果形圆整，果心小，肉质疏松和成熟度适宜的原料，如倭锦、红玉、国光以及槟子、沙果等。

（2）去皮、切分、去心：手工去皮后，挖去损伤部分，将苹果对半纵切，再用挖核器挖掉果心。

（3）硫处理和硬化：将果块放入 0.1% 的 $CaCl_2$ 和 0.2%～0.3% 的 $NaHSO_3$ 混合液中浸泡 4～8h，进行硬化。若肉质较硬则只需进行硫处理。浸泡液以能淹没原料为准。浸泡时上压重物，防止上浮。浸后捞出，用清水漂洗 2～3 次备用。

（4）糖煮：在锅内配成与果块等重的 40% 的糖液，加热煮糖，倒入果块，以旺火煮沸后，捞出果块冷却，将剩余的糖液重新煮沸。如此反复进行三次，大约需要 30～40min，此时果肉软而不烂，并随糖液的沸腾而膨胀，表面出现细小裂纹。此后每隔 5min 加蔗糖一次。第一、二次分别加糖 5%，第三、四次分别加糖 5.5%，第五次加糖 6%，第六次加糖 7%，各煮制 20min。全部糖煮时间约需 1～1.5h，待果块呈现透明时，即可出锅。

（5）糖渍：趁热起锅，将果块连同糖液倒入容器中浸渍 24～48h。

（6）烘干：将果块捞出，沥干糖液，摆放在烘盘上，送入烘房，在 60～66℃ 的温度下干燥至不粘手为宜，大约需要烘烤 24h。

（7）整形和包装：烘干后用手捏成扁圆形，剔除黑点、斑疤等，装入食品袋、纸盒，最后装箱。

（8）参考 NY/T 436—2009，对果脯产品进行感官评价。

附 2-1——果脯产品的质量标准

1. 感官指标

色泽：具该品种应有的色泽。

组织与形态：组织饱满，有透明感，不返砂，不流糖。

风味：具有原果风味，甜酸适度，无异味。

2. 理化指标

总糖含量≤85%；水分含量≤35%。

3. 微生物指标

细菌总数，CFU/g≤500；大肠菌群，MPN/100g≤30 个。

致病菌（沙门氏菌、志贺氏菌、金黄色葡萄球菌）不得检出。

霉菌总数，CFU/g≤25。

六、实验数据记录与计算

1. 实验实际用原辅料重量。

2. 苹果等原料利用率。

3. 糖制时间。

4. 成品率。

5. 果脯感官分析（色、香、味与质地）。

序号	形态(40 分)	质地(20 分)	色泽(10 分)	滋味口感(30 分)

七、思考题

1. 产品若发生返砂和流糖是何原因？如何防止？

2. 果脯制作中烘烤温度是否应尽量高一些以提高生产效率？

实验三　果酱的加工

一、实验目的

1. 理解果酱制作的基本原理。
2. 熟悉果酱加工的工艺流程，掌握果酱加工技术。

二、实验原理

果酱是不需要保持果实或果块原来的形状的糖制品。果肉浆是在有一定的糖、果胶和酸情况下，加热煮制成具有较好的凝胶态的产品。其工艺原理是利用果实中亲水性的果胶物质，在一定条件下与糖和酸结合，形成"果胶-糖-酸"凝胶。凝胶的强度与果胶物质的分子量和含量、糖含量以及酸含量等有关。

三、实验仪器设备

手持糖量计、打浆机、不锈钢锅、电炉、过滤筛、不锈钢刀、不锈钢锅、台秤、天平等。

四、实验原辅料

苹果、山楂、柠檬酸、白砂糖、食盐、四旋瓶等。

五、实验方法

（一）苹果酱

1. 配料

苹果 1000g、水 300g、白砂糖 1800～2000g、柠檬酸 5g。

2. 工艺流程

原料→去皮→切半去心→预煮→打浆→浓缩→装瓶→封口→杀菌→冷却

3. 操作要点

（1）原料：选用新鲜饱满、成熟度适中，风味良好，无虫、无病的果实，罐头加工中的碎果块也可使用。

（2）去皮、切半、去心：用不锈钢刀手工去皮，切半，挖净果心。果实去皮后用1％食盐水护色。

（3）预煮：在不锈钢锅内加适量水，加热软化15～20min，以便于打浆为准。

（4）打浆：用筛板孔径0.70～1.0mm的打浆机打浆。

（5）浓缩：果泥和白砂糖比例为1∶（0.8～1）（质量），并添加0.1％左右的柠檬酸。先将白砂糖配成75％的浓糖浆煮沸过滤备用。按配方将果泥、白砂糖置于锅内，迅速加热浓缩。在浓缩过程中不断搅拌，当浓缩至酱体可溶性固形物达60％～65％时即可出锅，出锅前加入柠檬酸，搅匀。

（6）装瓶：以100～150g容量的四旋瓶作容器，瓶应预先清洗干净并消毒。装瓶时酱体温度保持在85℃以上，并注意不让果酱沾染瓶口。

（7）封口：装瓶后及时手工拧紧瓶盖。瓶盖、胶圈均经清洗、消毒。封口后应逐瓶检查封口是否严密。

（8）杀菌、冷却：采用沸水杀菌，升温时间5min，沸腾下（100℃）保温15min之后，产品分别在65℃、45℃和凉水中逐步冷却到37℃以下。

（9）参考GB/T 22474—2008，对苹果酱产品进行感官评价。

（二）番木瓜果酱的制作

1. 配料

番木瓜1000g、水300g、白砂糖1000～1100g、果胶4～6g。

2. 工艺流程

原料→清洗、去皮芯→切分→（软化）→打浆→浓缩→装瓶→封口→杀菌→冷却

3. 操作要点

（1）原料：选用充分成熟、色泽好、无病虫的果实。一些残次山楂果实、罐头生产中的破碎果块以及山楂汁生产中的果渣（应搭配部分新鲜山楂果实）等均

41

可用于生产山楂酱。

（2）清洗去皮芯：对果实用清水漂洗干净，并除去果实中夹带的杂物，去皮。

（3）切分（软化）打浆：将成熟的木瓜果实切分打浆，成熟度不够、果实较硬的果肉煮软而易于打浆。

（4）加糖浓缩：按木瓜果泥：白砂糖＝1∶1的比例配料。先将木瓜果泥加热至沸，分三次加入白糖，第二次加糖时加入溶解的果胶，浓缩中要不断地搅拌，防止焦煳。浓缩终点可以根据以下情况判断：浓缩至果酱的可溶性固形物达65％以上，或用木板挑起果酱呈片状下落时，或果酱中心温度达105～106℃时即可出锅。如果果酱酸度不够时，可在临出锅前加些柠檬酸进行调整。

（5）装瓶、密封：要趁热装瓶，保持酱温在85℃以上，装瓶不可过满，所留顶隙度以3mm左右为宜。装瓶后立即封口，并检查封口是否严密，瓶口若粘有山楂酱，应用干净的布擦净，避免贮存期间瓶口发霉。

（6）杀菌、冷却：5min内升温至100℃，保温20min，杀菌后，分别在65℃，45℃和凉水中逐步冷却至37℃以下，尽快降低酱温。冷却后擦干瓶外水珠。

（7）参考GB/T 22474—2008，对木瓜果酱产品进行感官评价。

附2-2——果酱产品的质量标准

1. 感官指标

色泽：有该品种应有的色泽。

组织状态：均匀一致，酱体呈胶黏状，不流散，不分泌汁液，无糖晶析。

风味：酸甜适口，具有适宜的苹果风味，无异味。

正常视力下无可见杂质，无霉变。

2. 理化指标

总糖含量≤65％，可溶性固形物不低于25％，总砷（以As计）≤0.5mg/kg，铅（以Pb计）≤1.0mg/kg，锡≤250mg/kg。

3. 微生物指标

符合GB 11671商业无菌的规定。

六、实验数据记录与计算

1. 实验实际用原辅料重量。

2. 苹果等原料利用率。

3. 果酱浓缩时间。

4. 浓缩率与成品率。

5. 果酱感官分析（色、香、味与质地）。

序号	形态(30分)	质地(30分)	色泽(10分)	滋味口感(30分)

七、思考题

1. 果酱形成过程的工艺原理？

2. 果酱产品若发生汁液分离是何原因？如何防止？

实验四 泡菜的加工

一、实验目的

1. 熟悉泡菜加工的工艺流程，掌握泡菜加工技术。

2. 在实践中验证理论上泡菜加工中发生的一系列变化。

二、实验原理

利用泡菜坛造成的坛内嫌气状态，配制适宜乳酸菌发酵的低浓度盐水（6%～8%），对新鲜蔬菜进行腌制。由于乳酸的大量生成，降低了制品及盐水的pH值，抑制了有害微生物的生长，提高了制品的保藏性。同时由于发酵过程中大量乳酸，少量乙醇及微量醋酸的生成，给制品带来爽口的酸味和乙醇的香气，同时各种有机酸又可与乙醇生成具有芳香气味的酯，加之添加配料的味道，都给泡菜增添了特有的香气和滋味。

三、实验仪器设备

泡菜坛子、不锈钢刀、案板、小布袋（用以包裹香料）等。

四、实验原辅料

新鲜蔬菜：苦瓜、嫩姜、甘蓝、萝卜、大蒜、青辣椒、胡萝卜、嫩黄瓜等蔬菜，食盐、白酒、黄酒、红糖或白糖、干红辣椒、草果、八角茴香、花椒、胡椒、陈皮、甘草等。

五、实验方法

1. 盐水参考配方（以水的重量计）

食盐6%～8%、白酒2.5%、黄酒2.5%、红糖或白糖2%、干红辣椒3%、草果0.05%、八角茴香0.01%、花椒0.05%、胡椒0.08%、陈皮0.01%。

若泡制白色泡菜（嫩姜、白萝卜、大蒜头）时，应选用白糖，不可加入红糖及有色香料，以免影响泡菜的色泽。

2. 工艺流程

$$配制盐水 \longrightarrow 入坛泡制 \longrightarrow 泡菜管理$$
$$\uparrow$$
$$原料预处理$$

3. 操作要点

（1）原料的处理：新鲜原料经过充分洗涤后，应进行整理，不宜食用的部分均应一一剔除干净，体形过大者应进行适当切分。

（2）盐水的配制：为保证泡菜成品的脆性，应选择硬度较大的自来水，可酌加少量钙盐如 $CaCl_2$、$CaCO_3$、$CaSO_4$、$Ca_3(PO_4)_2$ 等，使其硬度达到 $10°dH$（德国度）。此外，为了增加成品泡菜的香气和滋味，各种香料最好先磨成细粉后再用布包裹。

（3）入坛泡制：泡菜坛子用前洗涤干净，沥干后即可将准备就绪的蔬菜原料装入坛内，装至半坛时放入香料包再装原料至距坛口 2 寸许时为止，并用竹片将原料卡压住，以免原料浮于盐水之上。随即注入所配制的盐水，至盐水能将蔬菜淹没。将坛口小碟盖上后即坛盖钵覆盖，并在水槽中加注清水。将坛置于阴凉处任其自然发酵。

（4）泡菜的管理

① 入坛泡制 1～2 日后，由于食盐的渗透作用原料体积缩小，盐水下落，此时应再适当添加原料和盐水，保持其装满至坛口下 1 寸许为止。

② 注意水槽：经常检查，水少时必须及时添加，保持水满状态，为安全起见，可在水槽内加盐，使水槽水含盐量达 15%～20%。

③ 泡菜的成熟期限：泡菜的成熟期随所泡蔬菜的种类及当时的气温而异，一般新配的盐水在夏天时约需 5～7 天即可成熟，冬天则需 12～16 天才可成熟。叶类菜如甘蓝需时较短，根类菜及茎菜类则需时间较长。

（5）参考 DB51/T 975—2009，对泡菜产品进行感官评价。

附 2-3——四川泡菜产品的质量标准

1. 感官指标

色泽：具有四川泡菜应有的色泽。

香气：具有四川泡菜应有的香气。

滋味：滋味可口、酸咸适宜、无异味具有四川泡菜应有的香气。

体态：形态大小基本一致，液汁清亮，组织致密、质地脆嫩，无肉眼可见外来杂质。

2. 理化指标

固形物含量≥50.0％，食盐（以 NaCl 计）≤10.0％，总酸（以乳酸计）≤1.5％，总砷（以 As 计）≤0.5mg/kg，铅（以 Pb 计）≤1.0mg/kg，亚硝酸盐（以 $NaNO_2$ 计）≤10.0mg/kg。

3. 微生物指标

大肠菌群 MPN/100g≤30 个，致病菌（沙门氏菌、志贺氏菌、金黄色葡萄球菌）不得检出。

六、实验数据记录

1. 实验实际用原辅料重量。

2. 泡菜腌制温度与时间。

3. 泡菜理化分析固形物、食盐浓度、总酸含量、亚硝酸含量。

4. 成品率。

5. 泡菜感官分析（色、香、味与质地）。

序号	形态(30分)	质地(30分)	色泽(10分)	滋味口感(30分)

七、思考题

1. 影响乳酸发酵的因素有哪些？

2. 泡菜中影响亚硝酸含量的因素？

实验五 果汁的提取实验

一、实验目的

熟悉和掌握果汁提取生产的工艺过程和生产操作，了解主要生产设备的性能和使用方法。

二、实验原理

果汁是新鲜果实的汁液，含果肉所含的各种可溶性物质，风味和营养都十分接近新鲜果，是果实最富营养的部分。果汁的生产是先将洗净的原料适度破碎，再采用压榨、浸提、离心等物理方法让果汁液与果渣分离，再通过过滤得到原料果汁，后经过混合调整、杀菌灌装等处理制成果汁或果汁饮料。

三、实验仪器设备

不锈钢锅、打浆机、锥汁器、九阳螺旋榨汁机、小型三足离心机、烧杯、台秤、721 型分光光度计等。

四、实验原辅料

橙子或菠萝等水果，果胶酶。

五、实验方法

1. 橙子称重→洗净→切半→锥汁→收集汁液→过滤→称重→测固形物浓度、澄清度

2. 橙子称重→洗净→去皮、切块→螺旋榨汁机→收集汁液→过滤→称重→测固形物浓度、澄清度

3. 橙子称重→洗净→去皮破碎→离心→收集汁液→称重→测固形物浓度、澄清度

4. 橙子称重→洗净→破碎→离心→收集汁液→称重→测固形物浓度、澄清度

5. 橙子称重→洗净→去皮破碎→0.2％果胶酶保温酶解 30min→离心→收集汁液→称重→测固形物浓度、澄清度

六、实验数据记录

序号	出汁率/％	可溶性固形物	透光率

七、思考题

1. 影响果汁出汁率的因素有哪些？

2. 加果胶酶处理技术对果汁质量有何影响？

实验六 果汁澄清方法实验

一、实验目的

1. 了解果胶酶让果汁澄清的机理。
2. 掌握果汁澄清实验的操作方法。

二、实验原理

在果汁中含有大量的果胶，果胶质是存在于高等植物细胞壁内及壁间的结构性多糖，它溶于水呈胶体溶液，使果汁表现出不稳定的混浊状态并影响果蔬原料的出汁率。果胶酶可以降解果胶质成小分子物质，而失去胶体性，果实原料中添加果胶酶可提高果汁产率并使果汁澄清。果胶酶降解果胶质受多种因素的影响，主要有底物浓度、酶浓度、pH 值、反应温度、反应时间、激活剂、抑制剂等。

三、实验仪器设备

1. 实验设备：天平、灭菌锅、超净工作台、恒温培养箱、恒温水浴锅、计时器（精确到秒）、分光光度计、离心机、pH 计。
2. 实验用具：烧杯、三角瓶、试管、移液枪（枪头）、量筒、容量瓶、试剂瓶、研钵、试管架、玻璃棒、纱布、绳子、离心管、比色皿、培养皿。

四、实验材料与试剂

1. 实验试剂：①柠檬酸-柠檬酸钠缓冲液：称取柠檬酸 15.652g，柠檬酸钠 7.5g，溶解定容至 1000mL，用 0.1mol/L NaOH 或 0.1mol/L HCl 调节 pH 值至 3.0；②底物：橘子汁或其他果汁。
2. 实验材料：从新鲜橘子或其他水果中榨取的果汁。

五、实验方法与步骤

（一）酶及果汁的准备

1. 称取 100g 橘子清洗干净后在榨汁机内榨汁。

2. 用 pH3.0 的柠檬酸-柠檬酸钠缓冲液稀释至 10 倍。

3. 现配制 1% 的酶液备用。

（二）果胶酶添加量对澄清效果的影响

1. 取 15 支试管分别标记为：空 0.2、A0.2、B0.2，空 0.5、A0.5、B0.5，空 1.0、A1.0、B1.0，空 1.5、A1.5、B1.5，空 2.0、A2.0、B2.0。

2. 分别加入 10mL 稀释好的果汁，并置于 45℃ 的水浴锅中保温 5min。

3. 对应标记加入对应的量的酶液（空白管不加），45℃ 保温 10min。

4. 5000r/min 的转速的条件下离心 5min。

5. 取出以蒸馏水为参比，660nm 下测定透光率。

（三）果汁 pH 值对澄清效果的影响

1. 取 16 支试管分别标记为：空 1.5、A1.5，空 2.0、A2.0，空 2.5、A2.5，……，空 4.5、A4.5，空 5.0、A5.0。

2. 取 8 份果汁分别将其 pH 值调节为 1.5、2.0、2.5、3.0、3.5、4.0、4.5、5.0。

3. 分别在 16 支试管中加入 10mL 对应 pH 值的稀释好的果汁，并置于 45℃ 的水浴锅中保温 5min。

4. 加入 1mL 的酶液（空白管不加），45℃ 保温 10min。

5. 5000r/min 的转速的条件下离心 5min。

6. 取出以蒸馏水为参比，660nm 下测定透光率。

（四）果汁温度对澄清效果的影响

1. 取 12 支试管分别标记为：空 37℃、A37℃，空 45℃、A45℃，空 50℃、A50℃，空 55℃、A55℃，空 60℃、A60℃。

2. 分别加入 10mL 稀释好的果汁，并置于对应标记的调好温度的水浴锅中保温 5min。

3. 加入 1mL 的酶液（空白管不加），对应标记温度的条件下精确保温 10min。

4. 5000r/min 的转速的条件下离心 5min。

5. 取出以蒸馏水为参比，660nm 下测定透光率。

六、实验数据记录

1. 果胶酶添加量对澄清效果的影响结果及数据。

酶用量/mL	空白管	实验管 A	实验管 B
0.2			
0.5			
1.0			
1.5			
2.0			

2. 果汁 pH 值对澄清效果的影响结果及数据。

pH 值	空白管	实验管
1.5		
2.0		
2.5		
3.0		
3.5		
4.0		
4.5		
5.0		

3. 果汁温度对澄清效果的影响结果及数据。

温度/℃	空白管	实验管
37		
42		
45		
50		
55		
60		

七、思考题

1. 影响果汁澄清的各因素有哪些？

2. 果汁澄清处理技术及对营养成分影响？

实验七 混合果汁的制作

一、实验目的

熟悉和掌握果蔬汁混合饮料与果味奶饮料的生产过程和操作技术。熟悉酸味剂、稳定剂、乳化剂、香精等食品添加剂的正确使用。

二、实验原理

在果蔬汁饮料与果味奶饮料的生产中常会出现混浊、沉淀、变色、变味等质量问题。对于这些饮料引起变色、变味的主要原因是酶促褐变、非酶褐变和微生物的生长繁殖。在加工过程中可以采取加热漂烫钝化酶的活性，添加抗氧化剂、有机酸，避免与氧接触等措施和加强卫生管理，严格灭菌操作等手段，防止出现质量问题。对于果蔬汁混合的沉淀问题可通过选用适当的稳定剂、原料的配制顺序和均质等操作方法解决。果味奶饮料的 pH 值范围在 4.5～4.8，而乳蛋白的等电点在 pH4.6～5.2。因此，生产中关键是配合使用乳化稳定剂与一定工艺操作控制饮料不分层。

三、实验仪器设备

不锈钢锅、胶体磨、均质机、烧杯、台秤、天平、pH 试纸、糖度计、玻璃瓶、压盖机、糖度计、温度计。

四、实验原辅料

橙汁、菠萝汁、胡萝卜汁、牛奶或脱脂奶粉、白砂糖、柠檬酸或乳酸、山梨酸钾、柠檬酸钠、香精等。

五、实验方法

（一）果汁饮料

1. 工艺流程

原料处理→加热软化→打浆过滤→配料→均质→灌压压盖→杀菌→冷却→成品

2. 参考配料

原果浆 35%～40%；砂糖：13%～15%；稳定剂 0.2%～0.35%；色素、香精少量。

3. 操作要点

(1) 原料处理：采用新鲜无霉烂、无病虫害、冻伤及严重机械伤的水果，成熟度八至九成。然后以清水清洗干净，并摘除过长的果梗，用小刀修除干疤、虫蛀等不合格部分，最后再用清水冲洗一遍。

(2) 加热软化：洗净的水果以 2 倍的水进行加热软化，沸水下锅，加热软化 3～8min。

(3) 打浆过滤：软化后的水果趁热打浆，浆渣再以少量水打一次浆。用 60 目的筛过滤。

(4) 混合调配：按产品配方加入甜味剂、酸味剂、稳定剂等在配料罐中进行混合并搅拌均匀。

(5) 均质：均质压力在 18～20MPa，使组织状态稳定。

(6) 灌装、密封：均质后的果汁经加热后，灌入预先清洗消毒好的玻璃瓶中，轧盖密封。

(7) 杀菌、冷却：轧盖后马上进行加热杀菌，杀菌条件为 (20～30min) / 100℃，杀菌后分段冷却至室温。

(8) 参考 GB/T 10789—2007 饮料通则，对混合果汁产品进行技术归类，并作感官评价。

（二）果味奶饮料

1. 工艺流程

稳定剂(与少量白糖干混后)溶解 ⎫
奶粉加水溶解 ⎬→混合(过胶体磨)→配料(搅拌加酸液、香精)⎤
白砂糖溶解后过滤 ⎭

无菌灌装封口←冷却←杀菌←均质←加热⎦

2. 果味奶参考配方

脱脂奶粉 2％～4％、白砂糖 12％、柠檬酸 0.33％、柠檬酸钠 0.1％、耐酸 CMC 0.2％、瓜胶 0.1％、草莓香精 0.1％、山梨酸钾 0.15％。

3. 操作要点

（1）把稳定剂与部分白糖干混均匀后，加小于 50℃温水溶解。

（2）奶粉加温水溶解后与（1）混合；白砂糖溶解后过滤；加冷水基本定容（过胶体磨）。

（3）柠檬酸用冷水溶解，在搅拌下加入配料缸中，pH 值为 4.0，加热到 60℃左右。加香精、山梨酸钾溶液，配料。

（4）均质：18～20MPa，50℃。

（5）杀菌：80～85℃，10～15min（或先灌装后杀菌）。

（6）冷却后，无菌灌装（容器要预先灭菌）。

（7）参考 GB/T 10789—2007 饮料通则，对混合果汁产品进行技术归类，并作感官评价。

附 2-4——果汁饮料产品感官指标参考标准

项目	果汁饮料	果味奶饮料
色泽	具有原料果特有的色泽	外观乳白色
风味	具有新鲜苹果固有的滋味和香气,无异味	具有纯正的果味及乳香味
口感	自然清爽,酸甜可口,无异味	酸甜适口
稳定性	振摇均匀后 12h 内无沉淀,应保持均匀体系	无分层、沉淀现象

注：理化指标和微生物指标等参考有关国家标准。

六、实验数据记录

1. 实验实际用原辅料重量。

2. 实际均质压力与时间。

3. 实际杀菌温度与时间。

4. 果汁（果味奶）饮料感官分析（色、香、味与质地）。

序号	色泽(30分)	风味(20分)	口感(30分)	稳定性(20分)

七、思考题

1. 稳定剂添加剂如何使用?

2. 产品的稳定性与哪些因素有关?

3. 果汁饮料的生产必须配备哪些设备?

实验八 果酒的制作

一、实验目的

理解果酒制作的基本原理；熟悉酿造果酒的工艺流程，掌握果酒的加工技术。

二、实验原理

葡萄酒及其他果酒的制造是用新鲜的葡萄或其他果品为原料，利用人工添加的酵母菌来分解糖分并产生酒精及其他副产物，伴随着酒精和副产物的产生，果酒内部发生一系列复杂的生化反应，最终赋予果酒独特风味及色泽。因此果酒酿造不仅是微生物活动的结果，而且是复杂生化反应的结果。

葡萄酒及其他果酒酿造的机理是一个很复杂的过程，它包括酒精发酵，苹果酸-乳酸发酵，酯化反应和氧化-还原反应等过程。

三、实验仪器设备

破碎机、榨汁机、手持糖量计、1000mL 三角瓶、纱布、过滤棉、棉线、过滤筛、台秤、蛇形冷凝管、1000mL 蒸馏瓶、酒精度计、胶管等。

四、实验原辅料

葡萄、白砂糖、柠檬酸、葡萄酒酵母、6％的亚硫酸等。

五、实验方法

1. 工艺流程

原料选择→分选清洗、去梗破碎→调整糖酸度→发酵醪消毒→前发酵→压榨→后发酵→贮藏→澄清→过滤→调配→装瓶→杀菌

2. 操作要点

（1）原料选择：选用质量一致、酸甜度合适的栽培葡萄或山葡萄，剔除病烂、病虫，生青果，用清水洗去表面污物。

（2）破碎，去梗：可用滚筒式或离心式破碎机将果实压破，再经除梗机去掉果梗，以使酿成的酒口味柔和，否则会产生单宁等青梗味。

（3）调整糖酸度：经破碎除去果梗的葡萄浆，因含有果汁，果皮，籽及细小果梗，应立即送入发酵罐内，发酵罐上面应留出 1/4 的空隙，不可加满，并盖上木制篦子，以防浮在发酵罐表面的皮糟因发酵产生二氧化碳而溢出。

发酵前需调整糖酸度（糖度控制在 25°Bx 左右），加糖量一般以葡萄原来的平均含糖量为标准，加糖不可过多，以免影响成品质量。酸度一般在 pH 值为 3.5～4.0。

（4）发酵醪消毒：为避免杂菌危害，利用二氧化硫杀灭附着在原料上的野生菌，视原料卫生情况使用 SO_2 浓度达 60～100mg/L，静置 6h。

（5）前发酵：调整糖酸度后，加入酵母液，加入量为果浆的 5%～10%，加入后充分搅拌，使酵母均匀分布。发酵时每日必须检查酵母繁殖情况及有无菌害。如酵母生长不良或过少时，应重新补加酒母。发酵温度必须控制在 20～25℃。

前发酵的时间，根据葡萄含糖量，发酵温度和酵母接种数量而异。一般在相对密度下降到 1.020 左右时即可转入后发酵。前发酵时间一般为 7～10 天。

（6）分离压榨：前发酵结束后，应立即将酒液与皮渣分离，避免过多单宁进入酒中，使酒的味道过分苦涩。

（7）后发酵。充分利用分离时带入少量空气，来促使酒中的酵母将剩余糖分继续分解，转化为酒精。此时，沉淀物逐渐下沉到容器底部，酒慢慢澄清。后发酵就是促使葡萄酒进行酯化作用，使酒逐渐成熟，色、香、味逐渐趋向完整。后发酵桶上面要留出 5～15cm 的空间，因后发酵也会生成泡沫。后发酵期的温度控制在 18～20℃，最高不能超过 25℃。当相对密度下降到 0.993 左右时，发酵结束。一般需 1 个月左右，才能完成后发酵。

（8）陈酿：阵酿时要求温度低，通风良好。适宜的陈酿温度为 15～20℃，相对湿度为 80%～85%。陈酿期除应保持适宜的温度、湿度外，还应注意换桶、添桶。

第一次换桶应在后发酵完毕后 8～10 天进行，除去渣滓。并同时补加二氧化硫到 150～200mg/L。第二次换桶在前次换桶后 50～60 天进行。

第二次换桶后约三个月进行第三次换桶，经过 3 个月以后再进行第四次换桶。

为了防止有害菌侵入与繁殖，必须随时添满贮酒容器的空隙，不让它表面与空气接触。在新酒入桶后，第一个月内应 3～4 天添桶一次，第二个月 7～8 天添桶一次，以后每月一次，一年以上的陈酒，可隔半年添一次。添桶用的酒，必须清洁，最好使用品种和质量相同的原酒。

(9) 调配：经过 2～3 年贮存的原酒，已成熟老化，具有陈酒香味。可根据品种、风味及成分进行调合。葡萄原酒要在 50% 以上。调配好的酒，在装瓶以前。还须化验检查，并过滤一次，才能装瓶，然后压盖。经过 75℃ 的温度灭菌后，即可贴商标，包装出售。

(10) 参考 GB/T 15037—2006《葡萄酒》或 GB/T 15038—2006《葡萄酒、果酒通用分析方法》，对产品进行分析评价。

附 2-5——果酒产品质量参考标准

1. 感官指标

颜色：紫红色，澄清透明，无杂质。

滋味：清香醇厚，酸甜适口。

香气：具有醇正、和谐的果香味和酒香味。

2. 理化指标

相对密度：1.035～1.055 (15℃)；

酒精：11.5%～12.5% (15℃)；

总酸：0.45～0.6g/100mL；

总糖：14.5～15.5g/100mL；

挥发酸：0.05g/100mL 以下；

单宁：0.45～0.06g/100mL。

六、实验数据记录

1. 实验实际用原辅料重量。

2. 发酵醪调糖、酸量。

3. 发酵醪消毒用亚硫酸量、SO_2 浓度。

4. 前发酵数据。

序号	接种量	第 1 天 重量	第 2 天 重量	第 3 天 重量	第 4 天 重量	第 5 天 重量	第 6 天 重量	第 7 天 重量	第 8 天 重量	总失重

5. 前发酵完成后数据。

序号	出醪率	pH 值	颜色	表观酒度	实际酒度	挥发酸

七、思考题

1. 前发酵与后发酵有什么不同？

2. 由失重量如何计算表观酒精度？

59

第三章

畜禽类产品工艺实验

实验一 肉的新鲜度测定及肉质评定

一、实验目的

通过实验要求掌握肉质评定的方法和标准。

二、实验原理

猪肉新鲜度是关于猪肉的风味、滋味、色泽、质地、口感和微生物等卫生标准的综合评价,它可以综合反映产品营养性、安全性、嗜好性的可靠程度。当前,猪肉新鲜度检测主要包括感官检测、理化检测、微生物检测等。感官检验主要是观察肉品表面和切面的颜色,观察和触摸肉品表面和新切面的干燥、湿润及粘手度,用手指按压肌肉判断肉品的弹性,嗅闻气味判断是否变质而发出氨味、酸味和臭味,观察煮沸后肉汤的清亮程度、脂肪滴的大小,以及嗅闻其气味,最后根据检验结果作出综合判定。

三、实验仪器设备

仪器用具:检肉刀 1 把、手术刀 1 把、外科剪刀 1 把、镊子 1 把、温度计 1 支、100mL 量筒 1 个、200mL 烧杯 3 个、表面皿 1 个、酒精灯 1 个、石棉网 1 个、天平 1 台、电炉 1 个、250mL 烧杯,100mL 三角瓶,100mL 量筒,脱脂棉,酸度计,pH 缓冲溶液。

四、实验方法

(一)肉新鲜度的感官检验

(1)用视觉在自然光线下,观察肉的表面及脂肪的色泽,有无污染附着物,用刀顺肌纤维方向切开,观察断面的颜色。

(2)用嗅觉在常温下嗅其气味。

(3)用食指按压肉表面,触感其硬度指压凹陷恢复情况、表面干湿及是否发黏。

（4）肉汤的检查

称取切碎的样品 20g 于 200mL 烧杯中，加水 100mL，用表面皿盖上，加热至 50～60℃后，开盖，按表 3-1 要求检查气味，继续加热至沸 20～30min，检查肉汤的气味、滋味及透明度、脂肪的气味及滋味。评定标准：按下列国家标准评定，见表 3-1。

表 3-1 鲜猪肉卫生标准（GB 2722—1981）

项目	一 级 鲜 度	二 级 鲜 度
色泽	肌肉有光泽,红色均匀,脂肪洁白	肌肉色稍暗,脂肪缺乏光泽
黏度	外表微干或微湿润,不粘手	外表干燥或粘手
弹性	指压后凹陷立即恢复	恢复慢,且不完全
气味	正常	稍有氨味或酸味
煮沸肉汤	透明、澄清,脂肪团聚于表面,有香味	稍有混浊,脂肪呈小滴状,无鲜味

（二）pH 值测定

1. 原理

屠宰后的畜肉，由于肌糖元的无氧酵解和 ATP 的分解，乳酸和磷酸的含量增加，使肉的 pH 值下降。刚宰后的热鲜肉 pH 值约为 7.0；宰后 1h pH 值可降到 6.2～6.3；经 24h 后降至 pH5.6～6.0 并一直维持到肉发生腐败分解前。肉腐败时，由于肉中蛋白质在细菌酶的作用下，被分解为氨和胺类等碱性物质，所以使肉趋于碱性，pH 值显著增高，可作为检查肉类质量的一个指标，但不能作为绝对指标和最终指标，因为还有其他因素能影响到肉类 pH 值变化。但对鉴别 PSE 猪肉（pH 值较低）和 DFD 猪肉（pH 值大于 6.5）是一个重要指标。

2. 操作步骤及判定标准

pH 值的测定：酸度计以甘汞电极为参比电极，玻璃电极为指示电极，测定 25℃下产生的电位差，电位差每改变 59.1mV，被检液中的 pH 值相应改变 1 个单位，可直接从刻度表上读取 pH 值。测试前先将玻璃电极用蒸馏水浸泡 24h 以上，然后按说明书将玻璃电极、甘汞电极装好，接通电源，启动开关，预热 30min。用选定的 pH 值缓冲溶液校正酸度计后，用蒸馏水冲洗电极 2～3 次，用脱脂棉吸干，然后将电极放入肉浸液中，1min 后读取 pH 值。判定标准：①新鲜肉 pH 5.9～6.5；②次新鲜肉 pH 6.6～6.7；③变质肉 pH 6.7 以上。

五、实验数据记录

项目	鲜　　　度
色泽	
黏度	
弹性	
气味	
煮沸肉汤	
pH 值	

六、思考题

1. 什么是 PSE 肉，什么是 DFD 肉？

2. 畜禽肉宰后的生理化学变化是怎样的？

实验二 灌肠的加工

一、实验目的

通过对中式香肠和西式香肠的加工操作，进一步了解和掌握灌肠制品的加工原理，以及原辅料的选择要求，熟悉该产品的加工工艺流程和操作。

二、实验原理

灌肠制品是以畜禽肉为原料，经腌制（或不腌制），然后用绞肉机绞碎或斩拌，使肉呈块状、丁状或肉糜状态，加入其他配料，经混拌或滚揉后，灌入天然肠衣或人造肠衣中，经过烘烤、煮沸、烟熏、干燥等工序制成的一类肉制品。

三、实验材料和设备

原材料和设备：猪肉、牛肉、肠衣、淀粉、食盐、硝酸盐（$NaNO_3$、KNO_3）、白糖、料酒、胡椒粉、桂皮、大茴香、生姜粉、味精、蒜（去皮）。

主要设备有：绞肉机、拌和机、剁肉机、灌肠机、烘房、冷库。

（一）中式香肠的加工方法

1. 原材料的选择及处理

（1）猪肉：以新鲜猪后腿瘦肉为主，夹心肉次之（冷冻肉不用），肉膘以背膘为主，腿膘次之，剥皮剔骨，除去结缔组织，各切成小于 1cm³ 的肉丁，分开放置，硬膘用温开水洗去浮油沥干待用。

（2）配料

以广式香肠为例（10kg）：瘦肉丁 8kg、肥膘丁 2kg、60°大曲酒 200g、亚硝酸钠 1g（用少量水溶解后使用）、异 VC-Na 3g、酱油 200g、味精 10g、白砂糖 600g、食盐 100g。

以川式香肠为例（10kg）：瘦肉 8kg、肥膘 2kg、60°大曲酒 100g、亚硝酸钠 1g、异 VC-Na 3g、酱油 200g、味精 10g、白砂糖 200g、食盐 150g、花椒粉 15g、辣椒粉 10g。

（3）其他材料的准备：肠衣用新鲜猪或羊的小肠衣，干肠衣在用前用温水泡软洗净，沥干水后在肠衣一端打一死结待用，麻绳用于结扎香肠，一般加工 100kg，原料用麻绳 1.5kg。

2. 拌料

按瘦肉 7∶3 的比例把肉丁放入容器中，另将配料用少量温开水（50℃左右）溶化，加入肉馅中充分搅拌均匀，将肥、瘦肉丁均匀分开，不出现粘结现象，静置片刻即可用以灌肠。

3. 灌制

将以上配制好的肉馅用灌肠机灌入肠内（用手工灌肠时可用绞肉机取下筛板和搅刀，装上漏斗代替灌肠机），每灌到 12～15cm 时，即可用麻绳结扎，待肠衣全灌满后，用细针戳洞，以便水分、空气外泄。

4. 漂洗

灌好结扎后的湿肠，放入温水中漂洗几次，洗去肠衣表面附着的浮油、盐汁等污着物。

5. 日晒、烘烤

水洗后的香肠分别挂在竹竿上，放在日光下晒 2～3 天，工厂生产的香肠应在烤炉或烘房内进行烘烤，温度控制在 50～60℃（用炭火为佳），每烘烤 6h 左右，应上下调换位置，以使烘烤均匀，烘烤 24～48h 后，香肠色泽红白分明，鲜明光亮，没有发白现象，烘制完成。

6. 成熟

日晒或烘烤后的香肠，放到通风良好的场所晾挂成熟，一般一根麻绳 2 节香肠进行剪肠，穿挂好后晾挂 30 天左右，此时为最佳食用时期，成品率约为 60%，规格为每节长 13.5cm，直径 1.8～2.11cm，色泽鲜明，瘦肉呈鲜红色或枣红色，肥膘呈乳白色，肉身干爽结实，有弹性，指压无明显凹痕，陷度适中，无肉腥味，略有甜香味。

（二）西式香肠的加工方法

（1）原材料整理。生产灌肠的原料肉，应选择脂肪含量低、结着力好的新鲜猪肉、牛肉。要求剔去大小骨头、剥去肉皮，修去肥油、筋头、血块、淋巴结等。最后切成拳头大小的小块，将猪膘切成 $1cm^3$ 的膘丁，以备腌制。

配方 1：精瘦肉 9kg、生猪油 1kg、淀粉 2kg、精盐 330g、食用硝 1g、味精 30g、五香粉 25g、肠衣用猪小肠。

配方 2：精瘦肉 3kg、肥肉 2kg、牛肉 5kg、淀粉 1kg、蒜 30g、胡椒粉 10g、肠衣用牛大肠。

（2）腌制。将原料肉用盐腌制，使盐分混合均匀进入肉体。按照上述配料计算，一般加盐量为肉重的 3%～5%。同时加入盐重 5% 的食用硝，瘦肉先削皮剔骨，和肥肉分别腌制，揉搓均匀后，置于 3～4℃冰箱（库）内冷藏 2～3 天。

（3）搅拌。将腌制过的肉切成肉丁加上配料，装进搅肉机绞碎，然后倒入经清水溶解过的淀粉中拌匀，肥肉丁或猪肉这时也可加入。肉馅充分搅拌，边搅边加清水，加水量为肉重的 30%～40%，以肉馅带黏性为准。

（4）灌肠。用灌肠机将肉馅灌入肠衣内，灌肉后每隔 20cm 左右为一节，节间用细绳扎牢。

（5）烘烤。将红肠放进烘箱内烘烤，烘烤温度掌握在 65～80℃，烘烤时间按肠衣细粗约为 0.5～1h。烘烤标准以肠衣呈干燥、肉馅呈红色为佳。

（6）水煮。将红肠水煮，水煮温度为 80℃，水煮时间因肠衣种类而不同，羊肠 10～15min。猪肠 20～30min，牛肠 0.5～1.0h。水煮标准是肠体发硬，有弹性。

四、灌肠品质鉴定

参考灌肠类卫生标准 GB/T 23493—2009。

附 3-1——灌肠产品技术指标

（1）感官指标　成品呈枣红色，熏烟均匀，无斑点和条状黑斑，肠衣干燥，呈半弯曲形状，表面微有皱纹，无裂纹，不流油，坚韧有弹力，无气泡。肉馅呈粉红色，脂肪块呈乳白色，味香而鲜美。

（2）理化指标　水分含量≤55％，蛋白质含量≥9％，脂肪含量≤30％，盐分含量≤3％，亚硝酸盐含量≤30mg/L。

（3）微生物指标　菌落总数≤15000 个/g；大肠菌群≤30 个/g；致病菌不得检出。

五、实验数据记录

项目	中式香肠	西式香肠
色泽		
香气		
滋味		
形态		

六、思考题

1. 中式香肠和西式香肠的区别？

2. 分析中式香肠具有色泽红白分明、耐贮藏、风味独特的特点的原因。

3. 西式香肠中影响乳化的因素有哪些？

实验三　肉脯的加工

一、实验目的

了解和掌握肉脯的制作的基本方法和工艺。

二、实验原理

肉脯指的是闽南、潮汕地区制作的带有红色的一种休闲猪肉制品，该产品拆袋后即可食用，味道鲜美，是饮茶时的一种休闲食品。肉脯是经过直接烘干的干肉制品，与肉干不同之处是不经过煮制，多为片状。肉脯的品种很多，但加工过程基本相同，只是配料不同，各有特色。

三、实验材料和设备

实验材料：鲜猪肉，白糖、酱油、味精、白酒。

仪器与设备：切片机、电热鼓风干燥箱、远红外食品烤箱。

四、实验方法

工艺流程：猪后腿→修整→冷却→刨片→调味→贴肉→烘干→烤熟→冷却→包装

（一）靖江猪肉脯

1. 原料肉的选择与修制

选猪后腿瘦肉，剔除骨、脂肪、筋膜，然后装入模中，送入急冻间冷冻至中心温度为－0.2℃，出冷冻间，将肉切成 12cm×8cm×1cm 的肉片。

2. 配方

瘦肉 50kg、白糖 6.75kg、酱油 4.25kg、胡椒 0.05kg、鸡蛋 1.5kg、味精 0.25kg。

3. 加工工艺

（1）肉片与配料充分配合，搅拌均匀，腌制一段时间，使调味料吸收到肉片内，然后把肉片平摆在筛上。

（2）烘干　将装有肉片的筛网放入烘烤房内，温度为 65℃，烘烤 5～6h 后取出冷却。

（3）烘烤　把烘干的半成品放入高温烘烤炉内，炉温为 150℃，使肉片烘出油，呈棕红色。烘熟后的肉片用压平机压平，即为成品。

（4）感官评定。

（二）天津牛肉脯

1. 配方

牛瘦肉 50kg、精盐 0.75kg、白糖 6kg、酱油 2.5kg、姜 1kg、味精 0.1kg、白酒 1kg、安息香酸钠 0.1kg。

2. 加工工艺

肉片与配料搅拌均匀，腌制 12h，烘烤 3～4h 即为成品。

（三）上海肉脯

1. 配方

鲜猪肉 125kg、硝酸钠 0.25kg、精盐 2.5kg、酱油 10kg、白糖 8.7kg、香料 0.5kg、曲酒（60°）2.5kg、小苏打 0.75kg。

2. 加工工艺　加工工艺与靖江猪肉脯相同。

肉脯的保存问题：肉脯在售卖过程中常会出现霉变现象，这通常是由于水分控制没有达到要求所致。通过添加三梨糖醇，可以在较大含水量的情况下保持制品在一定时间内不发生霉变。另外，采用真空包装也可以延长保质期。

五、肉脯品质鉴定

1. 感官要求：应符合表 3-2 的规定。

表 3-2　感官要求

项目	肉脯
形态	片型规则整齐,薄厚基本均匀,可见肌纹,允许有少量脂肪析出及微小空洞,无焦片、生片
色泽	呈棕红、深红、暗红色,色泽均匀,油润有光泽

项目	肉 脯
滋味与气味	滋味鲜美、醇厚、甜咸适中、香味纯正、具有该产品特有的风味
杂质	无肉眼可见杂质

2. 理化指标：应符合表 3-3 要求。

表 3-3 理化指标

项 目	指 标
水分(g/100g)	≤19
脂肪(g/100g)	≤14
蛋白质(g/100g)	≥30
氯化物(以 NaCl 计)(g/100g)	≤5
总糖(以蔗糖计)(g/100g)	≤38
亚硝酸盐(mg/kg)	≤30
铅(Pb)(mg/kg)	符合 GB 2726 标准
无机砷(mg/kg)	符合 GB 2726 标准
镉(Cd)(mg/kg)	符合 GB 2726 标准
总汞(以 Hg 计)(mg/kg)	符合 GB 2726 标准

3. 微生物指标：应符合以下要求。

菌落总数≤10000 个/g；大肠菌群≤30 个/g；致病菌不得检出。

六、实验记录

表 3-4 感官要求

项目	肉 脯
形态	
色泽	
滋味与气味	
杂质	

七、思考题

试说明采用烘烤、炒制、油炸等不同方法所制的成品在成品率、风味上有何不同。

实验四 肉松的加工

一、实验目的

通过实验，了解肉松的加工过程，掌握其加工方法，并熟悉加工设备的使用。

二、实验原理

肉松是指瘦肉经煮制、撇油、调味、收汤、炒松、干燥或加入食用植物油或谷物粉，炒制而成的肌肉纤维蓬松呈絮状或团粒状的干熟肉制品。在产品分类上，不加入食用植物油也不加入谷物粉的产品称为肉松，其他的分别称为油酥肉松或肉松粉。肉松风味香浓、体积小、质量轻，贮藏期长。根据水分活度（A_w）与微生物的关系，肉松在加工过程中经过炒松，水分含量降低，水分活度降为0.7 以下，可抑制大多数细菌、酵母菌、霉菌和嗜盐性细菌的繁殖，从而延长肉松的保质期。

三、实验材料和用具

原料肉、肉松专用粉、脱皮整粒芝麻、色拉油、精盐、混合香料、白糖、味精、煮制锅、拉丝机、炒松机等。

四、实验方法

1. 原料肉的选择和处理

选用瘦肉多的后腿肌肉为原料，先剔除骨、皮、脂肪、筋腱，在将瘦肉切成 3～4cm 的方块。

2. 配方

猪瘦肉 100kg、高度白酒 1.0kg、精盐 1.67kg、八角茴香 0.38kg、酱油 7.0kg、生姜 0.28kg、白糖 11.11kg、味精 0.17kg。

3. 加工工艺

将切好的瘦肉块和生姜、香料（用纱布包起）放入锅中，加入与肉等量的水，按以下三个阶段进行。

（1）肉烂期（大火期）　用大火煮，直到煮烂为止，大约需要 4h，煮肉期间要不断加水，以防煮干，并撇去上浮的油沫。检查肉是否煮烂，其方法是用筷子夹住肉块，稍加压力，如果肉纤维自行分离，可认为肉已煮烂。这时可将其他调味料全部加入，继续煮肉，直到汤煮干为止。

（2）炒压期（中火期）　取出生姜和香料，采用中等压力，用锅铲一边压散肉块，一边翻炒。注意炒压要适时，因为过早炒压功效很低，而炒压过迟，肉太烂，容易粘锅炒煳，造成损失。

（3）成熟期（小火期）　用小火勤炒勤翻，操作轻而均匀。当肉块全部炒松散和炒干时，颜色即由灰棕色变为金黄色，成为具有特殊香味的肉松。

4. 冷却包装

出锅的肉松置于成品冷却间冷却，冷却间要求卫生条件好。冷却后立即包装。一般采用铝箔或复合透明袋包装。

5. 注意事项

（1）结缔组织的剔除一定要彻底，否则加热过程中胶原蛋白水解后，导致成品粘结成团状而不能呈良好的蓬松状。

（2）煮沸结束后须将油沫撇净，这对保证产品质量至关重要，若不去浮油，肉松不易炒干，炒松时容易煳锅，成品颜色发黑。

（3）煮制时间和加水量视情况而定，肉不能煮的过烂，否则成品绒丝短碎。

（4）肉松由于糖较多，容易塌底起焦，故炒松时需要控制好火力。

五、产品质量评价

（1）感官指标：肉松成金黄色或淡黄色，带有光泽，絮状，纤维疏松，香味浓郁，无异味臭味，嚼后无渣，成品中无焦斑、脆骨、筋膜及其他杂质。

（2）理化指标：水分≤20％。

（3）评价方法：按照 GB/T 23968—2009 进行评价。

六、实验记录

项目	肉　　松
形态	
色泽	
滋味与气味	
杂质	

七、思考题

1. 详述实验中肉块转变成蓬松状态的过程。

2. 请说明肉松耐贮藏的原因。

3. 煮肉时撇去浮油对产品最终质量有什么影响？

实验五 原料乳的检验

一、实验目的

了解生鲜乳样的采集和保存的方法，掌握原料乳的感官鉴定、新鲜度检验及掺水、掺碱等的检验方法。

二、实验原理

感官评定原理　正常乳应为乳白色或略带黄色；具有特殊的乳香味；稍有甜味；组织状态均匀一致，无凝沉淀，不黏滑。

滴定酸度的测定原理　乳挤出后在存放过程中，由于微生物的活动，分解乳糖产生乳酸，而使乳的酸度升高。测定乳的酸度，可判定乳是否新鲜。乳的滴定酸度常用洁尔涅尔度（°T）和乳酸度（乳酸%）表示。洁尔涅尔度以中和 100mL 的酸所消耗 0.1mol/L NaOH 的毫升数来表示。消耗 1mL 0.1mol/L NaOH 为 1 洁尔涅尔度。乳酸度是指乳中酸的百分含量。

酒精实验的原理　一定浓度的酒精能使高于一定酸度的牛乳蛋白产生沉淀。乳中蛋白质遇到同一浓度的酒精，其凝固现象与乳的酸度成正比，即凝固现象愈明显，酸度愈大，否则相反。乳中蛋白质遇到浓度高的酒精，易于凝固。

掺水检测的原理　对于感官检查发现乳汁稀薄、色泽发灰（即色淡）的乳，有必要做掺水检验。目前常用的是稠度法。因为牛乳的稠度值一般为 1.028～1.034，其与乳的非脂固体物的含量百分数成正比。当乳中掺水后，乳中非脂固体含量百分数降低，稠度值也随之变小。当被检乳的稠度值小于 1.028 时，便有掺水的嫌疑，并可用稠度值计算掺水百分数。

掺碱（碳酸钠）的检验的原理　鲜乳保藏不好酸度会升高。为了避免被检出高酸度乳，有时向乳中加碱。感官检查时对色泽发黄、有碱味、口尝有苦涩味的乳应进行掺碱检验。常用玫瑰红酸定性法。玫瑰红酸的 pH 值为 6.9～8.0，遇到加碱而呈碱性的乳，其颜色由肉桂黄色（亦即棕黄色）变为玫瑰红色。

掺淀粉检测的原理　向乳中掺淀粉可使乳变稠，相对密度接近正常。有沉渣物的乳，应进行掺淀粉检验。

三、实验方法

（一）感官评定方法

（1）色泽检定：将少量乳倒于白瓷皿中观察其颜色。

（2）气味检定：将乳加热后，闻其气味。

（3）滋味检定：取少量乳用口尝之。

（4）组织状态检定：将乳倒于小烧杯内静置 1h 左右后，再小心将其倒入另一小烧杯内，仔细观察第一个小烧杯内底部有无沉淀和絮状物。再取 1 滴乳于大拇指上，检查是否黏滑。

（二）滴定酸度的测定

1. 仪器及药品：0.1mol/L 草酸溶液、0.1mol/L（近似值）NaOH 溶液、10mL 试管、150mL 三角瓶、25mL 碱式滴定管、0.5％酚酞酒精溶液、0.5mL 吸管、25mL 酸式滴定管、滴定架。

（三）酒精试验法

1. 仪器及药品：68°、70°、72°的酒精，1～2mL 吸管，试管。

2. 操作方法

取试管 3 支，编号（1 号、2 号、3 号），分别加入同一乳样 1～2mL，1 号管加入等量的 68°酒精；2 号管加入等量的 70°酒精；3 号管加入等量的 72°酒精。摇匀，然后观察有无絮片出现，确定乳的酸度。

（四）掺假试验

1. 掺水的检验

将乳样充分搅拌均匀后小心沿量筒壁倒入筒内 2/3 处，防止产生泡沫面影响读数。将乳稠汁小心放入乳中，使其沉入到乳稠计计算尺上 30 刻度处，然后使其在乳中自由游动（防止与量筒壁接触）。静止 2～3min 后，两眼与乳稠汁同乳面接触处成水平位置进行读数，读出弯月面上缘处的数字。

2. 掺碱（碳酸钠）的检验

于 5mL 乳样中加入 5mL 玫瑰红酸液，摇匀，乳呈肉桂黄色为正常，呈玫瑰红色为加碱。加碱越多，玫瑰红色越鲜艳，应以正常乳做对照。

3. 掺淀粉的检验

配制碘溶液：取碘化钾 4g 溶于少量蒸馏水中，然后用此溶液溶解结晶碘 2g，待结晶碘完全溶解后，移入 100mL 容量瓶中，加水至刻度即可。

取乳样 5mL 注入试管中，加入碘溶液 2～3 滴。乳中有淀粉时，即出现蓝色、紫色或暗红色及其沉淀物。

四、结果分析

写出各被检乳样掺假物的种类，并对乳样进行质量评定。

五、实验记录

项　　目	乳　品　名　称
色泽	
气味	
滋味	
组织	
乳的酸度	
掺水百分数	
掺碱实验现象	
掺淀粉实验现象	

六、思考题

1. 新鲜牛乳的感官检验的特征？

2. 详细说明掺水、掺淀粉检验如何进行？

实验六　凝固型酸奶的制作

一、实验目的

通过实验，使学生学会制作生产凝固型酸乳所用的脱脂乳培养基、制备母发酵剂和工作发酵剂；初步掌握凝固型酸乳的加工方法和操作技能。

二、实验原理

利用乳酸菌在适当的条件下发酵产生乳酸，使乳 pH 值的降低，导致蛋白质变性发生乳凝固而形成酸奶。

三、实验设备与材料

1. 材料　原料乳 10kg（全班），蔗糖 0.5kg。

2. 菌种　保加利亚乳杆菌，嗜热链球菌，脱脂乳培养基。

3. 用具　高压均质机，高压灭菌锅，酸度计，酸性 pH 试纸，超净工作台，恒温培养箱等。

四、实验方法

1. 脱脂乳培养基制备　脱脂乳用三角瓶和试管分装，置于高压灭菌器中，121℃灭菌 15min。

2. 菌种活化与培养　用灭菌后的脱脂乳将粉状菌种溶解，用接种环接种于装有灭菌乳的三角瓶和试管中，42℃恒温培养直到凝固。取出后置于 5℃下 24h（有助于风味物质的提高），再进行第二次、第三次接代培养，使保加利亚杆菌和嗜热链球菌的滴定酸度分别达 110°T 和 90°T 以上。

3. 发酵剂混合扩大培养　将已活化培养好的液体菌种以球菌：杆菌为 1：1 的比例混合，接种于灭菌脱脂乳中恒温培养。接种量为 4%，培养温度 42℃，时间 3.5~4.0h。制备成母发酵剂，备用。

4. 工艺流程　原料乳→加糖预热→均质→杀菌→冷却→接种→装瓶→培养→冷却→成品。

5. 操作要点

（1）加糖　原料中加入 5％～7％的砂糖。

（2）均质　均质前将原料乳预热至 53℃，20～25MPa 下均质处理。

（3）杀菌　均质料乳杀菌温度为 90℃，时间 15min。

（4）冷却　杀菌后迅速冷却至 42℃左右。

（5）接种　接种量为 4％，杆菌∶球菌为 1∶1。

（6）培养　接种后装瓶，置于 42℃恒温箱中培养至凝固，约 3～4h。

五、产品质量评价

（1）感官指标

① 组织状态：凝块均匀细腻，无气泡，允许有少量乳清析出。

② 滋味和气味：具有纯乳酸发酵剂制成的酸牛乳特有的滋味和气味，无酒精发酵味、霉味和其他外来的不良气味。

③ 色泽：色泽均匀一致，呈乳白色或稍带微黄色。

（2）微生物指标　大肠菌群数≤90 个/100mL，不得有致病菌检出。

（3）理化指标　脂肪≥3.0％（扣除砂糖计算），全乳固体≥11.5％，酸度 70～110°T，砂糖≥5.0％，汞（以 Hg 计）≤0.01mg/L。

六、实验记录

项目	酸　奶
色泽	
气味与滋味	
组织	
口感	

七、思考题

1. 试述发酵剂的种类及发酵剂的制备？

2. 试述凝固型酸乳加工和贮藏过程中常出现的质量问题和解决方法。

实验七 冰淇淋的制作

一、实验目的

学习冰淇淋的一般制作方法，掌握其操作要点，并了解巴氏灭菌、均质、老化、凝冻这几道工序对冰淇淋品质的影响。

二、实验原理

软质奶油冰淇淋是以饮用水、冰淇淋粉为主要原料，经混合、凝冻等工艺而制成的体积膨胀的冷冻食品。流体状的混合料在强制搅拌下进行冻结，使空气以极微小的气泡状态均匀分布于混合料中，在体积逐渐膨胀的同时，由于冷冻而成半固体状。

三、实验设备和材料

冰淇淋机、高压均质机、制冰机、电冰箱、不锈钢锅、水浴锅、电炉、药物天平、过滤筛（100~120目）、纱布、烧杯、量杯、量筒、玻璃棒、温度计［包括0~100℃和（-50~50)℃两种］、搪瓷盘等。冰淇淋杯（含盖）、勺、533消毒液（或漂白水）。

速溶全脂乳粉、甜炼乳、奶油、鲜蛋、白糖、单甘酯、明胶、香草香精等。

四、实验方法

1. 工艺流程

混合原料配制→巴氏灭菌→均质→冷却→老化（加入香精）→凝冻→包装→硬化→贮藏

2. 参考配方

速溶全脂乳粉10%、甜炼乳10%、奶油7%、白糖10%、明胶0.4%、单甘酯0.3%、鲜蛋7%、香草香精0.15%，水加至100%。

若速溶全脂乳粉含蔗糖 20%，则速溶全脂乳粉用量改为 12.5%，白糖用量改为 8%。若买不到奶油，可使用人造奶油。

3. 原料处理和配制

在白糖中加入适量的水，加热溶解后经 120 目筛过滤后备用。将明胶用冷水洗净，再加入温水制成 10% 的溶液备用。鲜蛋去壳后除去蛋白，将蛋黄搅拌均匀后备用。在不锈钢锅内先加入一定量的水，预热至 50～60℃，加入速溶全脂乳粉、甜炼乳、奶油、单甘酯和蛋黄，搅拌均匀后，再加入经过过滤的糖液和明胶溶液，加水至定量。

4. 巴氏灭菌

将装有配制好的混合原料的不锈钢锅，放入水浴锅中，以 75℃ 左右的温度杀菌 25～30min（指混合原料的温度）。

5. 过滤

杀菌后的混合原料经 120 目筛过滤，以除去杂质。

6. 均质

将杀菌和过滤后的混合原料用高压均质机进行均质。高压均质机在使用前必须用自来水进行清洗，然后用适当浓度（含 400mg/L 有效氯）的 533 消毒液（或漂白水）消毒，最后再以无菌水冲洗。加入二段混合原料后将均质机的高压压力调至 17MPa，低压压力调至 3.5MPa 左右。

7. 冷却

均质后的混合原料，先用常温水冷却，然后再用冰粒加水尽快冷却至 2～4℃。冰粒可预先利用制冰机制作。

8. 老化

冷却后的混合原料，放入冰箱的冷藏室内老化 4h 以上，老化温度尽可能控制在 2～4℃，老化结束时加入香精，并搅拌均匀。

9. 凝冻

对冰淇淋机的凝冻筒的内壁先进行清洗，然后用适当浓度（含 400mg/L 有效氯）的 533 消毒液（或漂白水）消毒 10min，最后再用无菌水冲洗 1～2 次。

将老化好的混合原料 1.5L 倒入冰淇淋机的凝冻筒内，先开动搅拌器，再开动冰淇淋机的制冷压缩机制冷。待混合原料的温度下降至（－4～－3）℃时，冰淇淋呈半固体状即可出料。凝冻所需的时间大致为 10～15min。

10. 包装

根据需要先对冰淇淋杯、勺进行消毒，可用适当浓度（含 300～400mg/L 有效氯）的 533 消毒液（或漂白水）浸泡消毒 5min，再以无菌水浸泡洗涤去除余氯味。冰淇淋杯的纸盖用纱布包好，以常压蒸汽消毒 10min。

将凝冻好的冰淇淋装入冰淇淋杯中，放上小勺，加盖密封，整齐地放在搪瓷盘上。

11. 硬化

将装有冰淇淋杯的搪瓷盘放入冻结室中硬化数小时。

12. 成品贮藏

将冰淇淋成品放在－20℃以下的冷藏室中贮藏。

五、注意事项

在整个制作过程中，要严格按照食品卫生的要求操作，并详细记录各主要工艺参数。

高压均质机和冰淇淋凝冻机用过后，要用热水彻底清洗。

六、测定冰淇淋的膨胀率

随机抽取一杯软质冰淇淋（例如 150mL），倒入烧杯中，再加入等容积的水（150mL），水浴加热至 50℃，使冰淇淋中的空气排出，再加入 6mL 的乙醚，消除残余的气体，然后用量筒测量其容积，即可计算出这杯冰淇淋所用的混合原料的容积。

计算公式：$E = \dfrac{V_2 - V_1}{V_1} \times 100\%$

式中，V_1——混合原料的容积；V_2——凝冻后的冰淇淋的容积；E——冰淇淋的膨胀率。

七、冰淇淋的感官评定

1. 感官指标：色泽均匀，具有该品种应有的色泽；形态完整，大小一致，不变形，不软塌，不收缩；细腻润滑，无凝粒，无明显粗糙的冰晶，无气孔；滋味协调，有奶脂或植脂香味，香气纯正，无异味，无肉眼可见杂质。

2. 理化指标：总固形物≥30％，脂肪≥8％，蛋白质≥2.5％，膨胀率80％～120％。

3. 评价方法对所制作的冰淇淋进行色泽、质构和风味的感官评定。参照SB/T 10013—2008 进行。

八、实验记录

项目	冰　淇　淋
色泽	
形态	
组织	
气味与滋味	
口感	
膨胀率	

九、思考题

1. 如何提高冰淇淋的膨胀率？

2. 乳化剂和增稠剂在冰淇淋中所起到的作用是什么？

实验八　无铅鹌鹑皮蛋的加工

一、实验目的

了解皮蛋加工的工艺过程及加工要点，掌握皮蛋的加工方法。

二、实验原理

禽蛋的蛋白质和料液中的 NaOH 发生反应而凝固，同时由于蛋白质中的氨基与糖中的羧基在碱性环境中产生美拉德反应使蛋白质形成棕褐色，蛋白质所产生的硫化氢和蛋黄中的金属离子结合使蛋黄产生各种颜色。另外，茶叶中的单宁也对颜色的变化起作用。

三、实验设备与材料

20 枚鹌鹑蛋、氢氧化钠、碳酸钠、食盐、味精、红茶末、氯化锌、水。

四、实验方法

1. 工艺流程

选蛋→清洗→装缸
配料→验料→调整 ⎱→灌料→腌制→检验→出缸→涂膜→成熟→成品

2. 工艺要点

(1) 原料蛋的选择

选用新鲜鹌鹑蛋为原料蛋。在加工前要进行认真的选蛋，并按大小分级，按级别进行腌制。

选蛋：按大小分级，便于投料，保证成熟一致。

感官鉴别：剔除霉蛋、异味蛋、砂壳蛋、破壳蛋等。

照蛋：剔除陈旧蛋。

敲蛋：剔除裂纹蛋、薄壳蛋、钢壳蛋。

（2）配料：（按 10 枚蛋计算）

水 1500mL、NaOH 4.2%（63g）、Na_2CO_3 3%（45g）、氯化锌 0.2%（3g）、食盐 4.2%（63g）、红茶 2.0%（30g）。

（3）配料方法

将除红茶外的其他辅料放入容器中，红茶加水煮茶汁，过滤茶渣，趁热将茶汁冲入放辅料的容器中，充分搅拌溶解，冷却待用。

（4）验料——料液的碱度测定

滴定法：准确吸取 4mL 料液，加入三角瓶中，加入 100mL 蒸馏水稀释，再加入 10% 的 $BaCl_2$ 溶液 10mL，摇匀，静止片刻后，加入 3～5 滴酚酞指示剂，用 1.0mol/L 的标准 HCl 溶液滴定至粉红色褪去，所用 1.0mol/L 的标准 HCl 溶液的毫升数即为料液 NaOH 的百分含量。一般在 4.2%～4.5% 为宜，可根据蛋的大小及气温的高低进行适当调整。

（5）装缸、灌料

用缸腌制时，把选好的蛋放在缸内，缸底最好用稻草或谷壳铺底，防止蛋被压破。蛋打横摆放，上面加盖竹片，防止蛋上浮。将调整好碱度的料液灌入，将蛋全部淹没，放在适宜气温的室内腌制。温度应保持基本稳定，最适温度为20～25℃。

（6）检查

在浸泡腌制过程中，通常需要进行 2 次检查。一般每 3 天检查一次，观察蛋的变化情况，包括蛋白的化清、凝固变色及蛋黄的凝固、变色、气味等情况。临近出缸时要多加注意检查。夏天约需 7 天，冬季约需 10 天。

（7）出缸、包泥或涂膜

蛋白凝固硬实而有弹性，色泽为茶红色，蛋黄约有 1/3～1/2 凝固，溏心颜色不再有鲜蛋的黄色时即可出缸。

出缸后用残料洗去蛋壳上的污物，并用残料拌和新鲜的泥土调成料泥，包在蛋上，并裹上一层谷壳，放入纸箱或竹筐中，室温下贮藏。

或出缸后洗净晾干（应避光），用涂膜剂涂膜，装入纸箱或用小盒包装，室温下避光贮藏。

五、产品质量评价

1. 感官指标：外观不应有霉变，蛋壳清洁完整，敲摇时无水响声；蛋体完整，有光泽，有弹性，不粘壳，有松花或花纹、呈溏心，可有大溏心，小溏心，硬心；蛋白呈半透明的清褐色、棕色或不透明的深褐色、透明的黄色，蛋黄呈墨绿色或绿色；具有皮蛋应有的气味和滋味，无异味，可略带有辛辣味。

2. 理化指标：水分≤70％，pH 值（1∶15 稀释)≥9.5。

3. 评价方法按 GB/T 9694—1988 进行评价。

六、实验记录

外观	色泽	鹌鹑皮蛋
蛋内品质	形态	
	颜色	
	气味与滋味	
	口感	
	成品率	

七、思考题

1. 简述无铅皮蛋与传统皮蛋在加工工艺上的区别。

2. 简述料液对皮蛋腌制质量的影响。

第四章

水产品工艺实验

第四章

水产品工艺实验

实验一　鱼类鲜度的感官评定

一、实验目的

1. 通过贮藏鱼和鲜鱼的外表、鳃、眼睛、肌肉、腹部、肛门等部位的形态以及水煮试验的气味、滋味和汤汁等进行感官评定，评定出样品的鲜度等。

2. 掌握鱼类鲜度感官评定的方法。

二、实验原理

水产品的感官检验是通过人的视觉、嗅觉、味觉、触觉等感觉对水产品的体表状态、色泽、滋味、气味、质地和硬度等外部特征进行评价的方法，其目的是为了评价水产品的鲜度、可接受性、鉴别水产品的质量。鲜度的感官检验主要是针对生鲜水产品的品质评价方法，用于鲜度控制和水产品货架期鉴定。

鱼类死后，由于体内存在的酶与附着在鱼体上的微生物等综合作用的结果，导致鱼体鲜度下降。鱼体外观性状的变化是其内在质量的反映。由于微生物的绝大部分是由体表、眼球、鳃、肛门等部位侵入鱼体内部（消化道除外），故根据国标或部标规定的感官项目及等级标准去判别鱼的鲜度，具有一定的科学性和准确性，也是十分方便而实用的鉴定方法。

三、实验材料与仪器设备

材料：不同鲜度的鱼数种。

仪器设备：冰箱（或碎冰、塑料保温箱）、温度计、搪瓷盘、橡皮锤等。

四、实验方法

1. 水产品感官检验，一般将试样放在白瓷碟或不锈钢工作台上，在光线充足且无气味的环境中，由具有一定专业知识和检验实践，了解水产品形态、习性以及外观质量变化规律、加工工艺、贮藏条件，并经过感官综合培训的人员进行感官评定。评定的方法有比较法、评分法、描述法和对照法。

2. 对于生鲜水产品，需要从水产品的体表、眼球、鳃部、腹部及肌肉等部位的状态，以及水煮试验等来评价水产品的鲜度及质量。鱼类鲜度的感官鉴定指标及判断标准如表 4-1 和表 4-2。

表 4-1 鱼类鲜度的感官鉴定指标及判断标准

项目	部位	评定		
		新鲜(7~10 分)	较新鲜(4~6 分)	不新鲜(1~3 分)
外观	体表	有透明黏液,鳞片鲜明有光泽,牢固地固定在鱼体表面,不易剥落	黏液增加,不透明,并有酸味,鳞片光泽较差,易脱落	黏液污浊、黏稠有腐败味,鳞片暗淡无光,易脱落
	眼球	眼球饱满、明亮,角膜透明清晰,无血液浸润	眼角膜起皱,稍变混浊,血管出血,眼球凹进,但眼球仍然透明清晰	角膜混浊,眼球塌陷,变成暗褐色,眼腔被血液浸润
	鳃部	色泽鲜红,黏液透明,无异味,鳃丝清晰,鳃盖紧闭	鳃片成淡红色或灰褐色,黏液混浊有酸味	鳃色呈黑褐色,黏液混浊,鳃丝粘连,有腐败味
	肌肉	坚实有弹性,手压后凹陷立即消失,肌肉横断面有光泽,无异味	肌肉稍松软,手指压后凹陷不能立即消失,稍有酸腥味,横断面无光泽	松软无弹性,手压后凹陷不易消失,肌肉易与骨刺脱离,有霉味及酸味
	腹部	无膨胀现象,肛门凹陷无污染,无内容物外泄	膨胀不明显,肛门稍突出	膨大,肛门外凸,内容物外泄

数据来源：天津轻工业学院等. 食品工艺学（中册）. 1997.

表 4-2 水产品水煮试验感官鉴定指标及判断标准

评价指标	新 鲜	不 新 鲜
气味	具有本种类固有的香味	有腥臭味或氨味
滋味	具有本种类固有的鲜味,肉质有弹性	无鲜味,肉质发糜,有氨臭味
汤汁	清晰或带有本种类色素色泽,汤内无碎肉	肉质腐败脱落,悬浮于汤内,汤汁混浊

数据来源：林洪等. 水产品保鲜技术. 2001.

鱼类鲜度感官评定，本实验采用评分法。采用 0~10 分的分级标准对样品进行感官评定。一级：7~10 分；二级：4~6 分；三级：1~3 分；变质、腐败为 0 分。

3. 鱼类的鲜度感官评定：将原料鱼置于清洁的搪瓷盘内，仔细观察鱼的体表、眼球、鳃、肌肉和腹部的状态，然后按照表 4-1 的标准分别对样品进行打分。

五、注意事项

1. 本实验采用橡皮锤在头部击毙鲜活原料鱼时，要保护好鱼体其他部位的完整，切勿损伤鱼鳞、鱼皮、眼球等。因为微生物容易从鱼体机械损伤部位侵入，造成鱼体变质加速，保鲜期缩短，故操作时需特别注意。

2. 在感官鉴定中可能会出现这种现象：许多感官指标都达到某一级鲜度，而其中有一项感官指标，大多数甚至全部抽验鱼样都未能达到该鲜度指标，则评定鲜度等级时应降低一级鲜度。

六、实验数据记录

把鱼类鲜度感官评定的原始记录内容填入表 4-3 中，然后分项打分填入表 4-4，并汇总评出鱼类的鲜度等级。

表 4-3　鱼类鲜度感官评定记录表

样品	体表	眼球	鳃	肌肉	腹部

表 4-4　鱼类鲜度感官评定评分表

样品	体表 (20 分)	眼球 (20 分)	鳃 (20 分)	肌肉 (20 分)	腹部 (20 分)	总分	鲜度等级

七、思考题

1. 鲜活鱼类具有哪些特征？

2. 鱼贝类鲜度评定的方法有哪些？

实验二 鱼松的制作

一、实验目的

1. 了解鱼松形成的原理。

2. 鱼松制作的工艺过程和技术要求。

3. 掌握鱼松制作过程的操作方法和调味配方。

二、实验原理

鱼松是用鱼类肌肉制成的金黄色绒毛状调味干制品，由鱼肉肌原纤维蛋白加热脱水后通过挤压成丝绒状，期间发生美拉德反应等热反应形成了其独特的色泽和风味。鱼松含有人体所需的多种必需氨基酸和维生素 B_1、维生素 B_2、尼克酸以及钙、磷、铁等无机盐，可溶性蛋白多，脂肪熔点低。鱼松制品易被人体消化吸收，对儿童和病人的营养摄取很有帮助。鱼松是营养健康食品。

三、原辅料和仪器设备

1. 原辅料

新鲜杂鱼（少脂鱼）、盐、味精、白砂糖、生姜、酱油、花椒等调味料。

2. 仪器设备

蒸锅、煤气灶、炒锅、竹帚、电子天平、刀具、不锈钢盆、筷子、纱布。

四、工艺流程及要点

原料处理→蒸煮→去皮骨→拆碎、晾干→调味、炒松→晾干→包装、成品

1. 原料要求。不同鱼类制成的鱼松其纤维长短、色泽深浅也不一，淡水鱼中青鱼、草鱼、鲢鱼、鲤鱼等是加工鱼松的好原料。一般要 6kg 鲜鱼加工 1kg 成品，作为鱼松原料，质量要保证，通常用鲜度标准二级的鱼，变质鱼严禁使用。

2. 调味料的配制（自行设计）。

3. 原料处理。新鲜鱼洗净去鳞后即进行腹开，取出内脏、黑膜等，再去头，充分洗净，滴水沥干。

4. 蒸煮。将沥干的鱼放入蒸笼中，蒸笼底要铺上湿纱布，防止鱼皮、肉黏着和脱落到锅中，锅中放清水（约为锅容量的 1/3），然后加热，等水煮沸15min，即可出锅。

5. 去皮骨。将煮熟的鱼趁热去皮，拣骨、鳍、筋等，留下鱼肉，放入清洁的方盘中，在通风处晾干，并随时将肉撕碎。

6. 调味与炒松。在洗净的锅中加入精制油，将前述经晾干和拆碎的原料倒入并不断搅拌之后，再用竹帚充分炒松，约 20min，等鱼肉变成松状，即将调味液洒在鱼松上，随时搅拌，直到色泽与味道均很适合为止，炒松要用文火，以防鱼松炒焦发脆。

7. 晾放和包装。炒好的鱼松自锅中取出，放在方盘中，冷却后即行包装。用塑料食品袋包装。

五、鱼松质量要求

成品鱼松色泽金黄，肉丝疏松，无潮团，口味正常，无焦味及异味，允许有少量骨刺存在。

化学指标：水分 12%～16%，蛋白质 52% 以上；细菌指标：无致病菌，0.1g 样品内无大肠杆菌。

六、实验数据记录及计算

根据投入的原料量和成品量计算成品率，对产品进行感官评分。

七、思考题

1. 鱼肉成松的原理是什么？

2. 如何避免鱼刺、鱼皮等在鱼松中的残留？

3. 如何防止鱼松炒焦发脆？

实验三 茄汁鱼罐头的制作

一、实验目的

1. 掌握茄汁鱼罐头的生产工艺。

2. 掌握茄汁鱼罐头质量控制的方法。

二、实验原理

茄汁类水产罐头是一种风味独特的调味罐头，是国内外市场颇受欢迎的水产品罐头之一。茄汁中的有机酸和鱼肉蛋白质的分解产物胺类发生碱性中和作用，能调节和部分掩盖原料异味。适合生产这类罐头的原料主要有鲭鱼、鲅鱼、鳗鱼、沙丁鱼、鲥鱼等海洋中上层多脂肪鱼类及各种淡水鱼。

三、原辅料和仪器设备

1. 原辅料

新鲜鲭鱼（或鲅鱼、鳗鱼、沙丁鱼、鲥鱼等），番茄酱、味精、白砂糖、生姜、植物油、红甜椒粉、黄酒等调味料。

2. 仪器设备

真空封罐头机、杀菌锅、电子天平、刀具、不锈钢盆等。

四、工艺流程及工艺要点

原料验收→原料挑选和处理→盐渍→装罐→排气→控水→加茄汁→真空封口→洗罐→杀菌→保温→包装

1. 原料的验收和挑选处理：对进厂的鲜鲭鱼（鲐鱼）在大小规格、数量、鲜度进行验收和检查。对冻鲭鱼应逐盘检查后在清水池内喷淋解冻。新鲜的鲭鱼表皮有光泽，眼球突出，鳃鲜红，肌肉有弹性，骨肉不分离，不破肚，无异味。将合格的鲭鱼去头，切开鱼肚，除去内脏（注意不要弄破鱼胆），在流水中清洗，并刮去贴骨血，剪去鱼鳍，切成 4～5cm 长的鱼块、洗净控水待用。

2. 盐渍和装罐：将鱼块放在 15°Bé 的盐水中盐渍 20min，期间搅拌 2 次，盐水与鱼的比例为 1：1，盐渍结束后捞出鱼块用清水冲洗干净，沥干水分后即可装罐。

3. 排气和加汁：将罐头送入排气箱中，温度 98℃ 以上，时间可根据季节控制在 35～40min，中心温度要达到 95℃ 以上。出排气箱的罐头即控去盐水，加入配制好的茄汁，实际加入量要根据排气脱水情况作适当调整。

4. 茄汁的配制

茄汁配方：28％番茄酱 35g；花生油 5g；砂糖 7g；圆葱 5g；精制盐 4g；清水 74g；红甜椒粉、蒜泥、胡椒粉等少许。

配制方法：将圆葱去皮洗净切成葱末，加入少量水煮沸，加入清水，边搅拌，边加入白糖和精盐，使其溶化，按配方要求加足水，再加入 28％的番茄酱并不停搅拌，把已烤熟的花生油（如果是加茄汁，鲭鱼罐头则用精炼花生油）慢慢倒入，搅拌半小时，茄汁要随配随用，多次搅拌。

5. 洗罐：加入茄汁之后的罐头应立即送入真空封口机中封口，真空泵指示应在 360mm 汞柱左右，及时检查和调整封口机的抽真空性能，以达到罐内的真空度，避免太高的真空度可能将茄汁抽出。封口过程中应经常检查双层卷边的实际情况，除外观检查用专用罐头卡尺外，有条件的企业应用专用投影仪检查。封口后应逐罐清洗，洗净罐身的油污和茄汁再装入笼中杀菌。

6. 杀菌：茄汁鲭鱼罐头的杀菌公式整为 15min—70min—10min 反压水冷却 /118℃（参考用），可根据罐头质量进行调整。

五、茄汁鲭鱼罐头质量要求

鱼皮色泽正常，茄汁色泽为橙红色，具有茄汁鲭鱼应有的风味，无异味。条装者肉质软硬适中，形态完整，排列整齐，长短尚均匀。段装者部位搭配为适宜，允许添加 3 小块鱼肉。

六、实验数据记录与计算

要求详细记录工艺过程的各种参数、根据投入的原料量和成品量计算成品率，对产品进行感官评分。

七、思考题

1. 评价茄汁鲭鱼罐头的质量指标有哪些？

2. 鱼类硬罐头有哪些常见质量问题？如何防止？

3. 茄汁鲭鱼罐头的杀菌工艺目标菌是什么？

实验四　冷冻鱼糜的加工

一、实验目的

1. 掌握冷冻鱼糜的生产原理和工艺技术。
2. 抗冻剂防治鱼肉蛋白质冷冻变性的作用。
3. 鱼肉蛋白质变性的特征变化。

二、实验原理

鱼肉蛋白经长时间冷藏后，会产生海绵状现象—冷冻变性，则不能成为鱼糜加工的原料。冷冻鱼糜是将原料鱼采肉、漂洗、脱水后，加入糖类、多聚磷酸盐等蛋白质抗冻变性的添加剂，使其在低温下能较长时间保藏的一种鱼肉蛋白制品。冷冻鱼糜的加工是一种使鱼类蛋白不致变形的冻结加工技术。

三、实验材料与设备

采肉机、精滤机、制冰机、搅拌机、高速搅拌机、鱼肉成丸机、冷柜、西门子冰箱、温度计、厨刀、砧板、弹簧秤、包装袋、罗非鱼、抗冻剂（食用级）、增鲜剂（食用级）、辅料（食用级）、香辛料（食用级）等。

四、生产工艺流程及工艺要点

原料验收→原料处理→采肉→漂洗→脱水→精滤→搅拌→包装→冻结→成品→冷藏

1. 原料验收：(1) 采用新鲜罗非鱼 6kg，鱼体完整，眼球平净，角膜明亮，鳃呈红色，鱼鳞坚实附于鱼体上，肌肉富有弹性，骨肉紧密连接，鲜度应符合一级鲜度。(2) 原料鱼条重 150g 以上。

2. 原料处理：(1) 原料鱼用清水洗净鱼体，除去鱼头、尾、鳍和内脏，刮净鱼鳞。(2) 用流水洗净鱼体表面黏液和杂质，洗净腹腔内血污、内脏和黑膜，水温不超过 15℃。

3. 采肉：(1)原料处理后，进入采肉机采肉，将鱼肉和皮、骨分离。(2)采肉操作中，要调节压力。压力太小，采肉得率低；压力太大，鱼肉中混入的骨和皮较多，影响产品质量。因此，应根据生产的实际情况，适当调节，尽量使鱼肉中少混入骨和皮。同时，要防止操作中肉温上升，以免影响产品质量。(3)采肉得率应控制在 60％左右。(4)采肉工序直接影响产品质量和得肉率，应仔细操作。

4. 漂洗：(1)漂洗目的。除去脂肪、血液和腥味，使鱼肉增白，同时，除去影响鱼糜弹性的水溶性蛋白质，提高产品的质量。(2)漂洗方法。采肉后的碎鱼肉，放于漂洗塑料盆中，加入 5 倍量的冰水，慢速搅拌漂洗。反复漂洗 3 次。根据原料鱼鲜度，确定漂洗次数，一般来说，鲜度高的鱼可少洗，鲜度差的鱼应多洗。漂洗时间为 15～20min。(3)漂洗条件。控制漂洗水的温度应控制在 10℃。漂洗水的 pH 值应控制在 6.8～7.3。最后一次漂洗时，可加入 0.2％的食盐，以利脱水。

5. 脱水：漂洗以后的鱼肉，装进尼龙布袋挤压脱水。脱水与制品水分含量、得率都有关。脱水后的鱼肉含水量应控制在 80％～82％。用手挤压，指缝没有水渗出。

6. 精滤：(1)脱水后的鱼肉，进入精滤机，除去骨刺、皮、腹膜等，精滤机的孔径为 1.5～2mm。(2)在精滤过程中，鱼肉的温度会上升 2～3℃。在该操作过程中，鱼肉温度应控制在 10℃以下，最高不得超过 15℃。必要时先降温。

7. 搅拌：(1)为防止鱼肉蛋白冷冻变性，在搅拌过程中加入鱼肉重量的5.5％白砂糖、0.15％三聚磷酸钠、0.15％焦磷酸钠等添加物，搅拌时间为 3～5min。(2)在搅拌过程中，鱼肉的温度应控制在 10℃以下，最高不得超过 15℃。以防温度升高影响产品质量。

取 250g 鱼肉不加防蛋白质冷冻变性的物质，不需搅拌，直接包装冻结，作为做鱼肉蛋白质冷冻变性特征变化的试验，采用不同颜色塑料包装，并做好包装记号。

8. 包装：(1)包装袋采用有色聚乙烯塑料袋，以便于识别破袋。塑料袋的卫生质量应符合 GBn84《聚乙烯成型品卫生标准》有关规定。（2）搅拌后的鱼糜，定量装入聚乙烯袋中，每袋 250g，厚度 1cm。

9. 冻结：装袋封口后，立即送入冰箱速冻柜冻结，并贮藏于速冻柜用于做鱼糜制品试验，以及了解蛋白质冷冻变性特征变性试验用。

五、实验数据记录与计算

1. 计算冷冻鱼糜及其制品得率。

2. 由指导教师、实验室老师和各实验小组代表 1～2 人组成实验评价小组，对各实验小组制造的鱼糜的质量指标进行评定。

六、思考题

1. 生产冷冻生鱼糜有何意义？其加工原理和工艺是怎样的？

2. 什么是蛋白质的冷冻变性？如何防止蛋白质的冷冻变性？

实验五　鱼丸的制作

一、实验目的

1. 掌握鱼糜制品弹性形成的机理及其影响弹性的因素。
2. 掌握鱼糜制品制造的生产技术。

二、实验原理

鱼肉中加入 2%～3% 的食盐进行擂溃时，会产生非常黏稠状的肉糊。这主要是构成肌原纤维的肌丝（细丝和粗丝）中的 F-肌动蛋白与肌球蛋白由于食盐的盐溶作用而溶解，在溶解过程中二者吸收大量的水分并结合形成肌动球蛋白的溶胶。这种肌动球蛋白溶胶非常容易凝胶化，即使在 10℃ 以下的低温也能缓慢进行，而在 50℃ 以上的高温下，会很快失去其塑性，变为富有弹性的凝胶体。通过上述原理，可制成各种风味、具有良好弹性的鱼糜制品。

三、实验材料与设备

冷冻鱼糜、搅拌机、高速搅拌机、鱼肉成丸机、冷柜、西门子冰箱、温度计、厨刀、砧板、弹簧秤、包装袋、增鲜剂（食用级）、辅料（食用级）、香辛料（食用级）等。

四、工艺流程及工艺要点

冷冻鱼糜→解冻→擂溃→鱼丸成型机成型→收缩定型→加热→冷却→包装→速冻→冷藏

1. 解冻：在 5～10℃ 的空调室中自然解冻至（-3～0）℃ 的半解冻状态，停止解冻。把处于半解冻状态的冷冻鱼糜切成小块，用绞肉机绞碎。

2. 擂溃：将解冻好的鱼糜放入擂溃机中，空擂 5～15min，使冷冻鱼糜温度上升至 0℃ 以上，空擂结束时最好在 4℃ 左右。空擂后添加 2%～3% 的食盐，盐擂 20～30min，此时，鱼肉逐渐变得黏稠，再加入味精、淀粉等辅助材料，继续擂溃 10～15min，混合均匀。擂溃过程中鱼糜温度应控制在 0～10℃，总擂溃时间为 30～50min。

3. 成型：把擂溃好的鱼糜立即装到鱼丸成型机里，按产品要求调校成型机模具，使丸粒大小符合当地习惯和质量要求。

4. 收缩定型：从鱼丸成型机出来的鱼丸掉落至冷水盆中，使其收缩定型，收缩定型过程也是低温凝胶化的过程。

5. 加热：鱼丸的加热方式有两种：水煮或油炸。

水煮加热：将鱼丸放入沸腾的水锅中，加热至鱼丸全部浮起，表明煮熟，随即捞出。避免在 60℃ 左右停留时间过长；油炸加热：油温一般控制在 160～180℃，油炸时间一般为 1～2min，待鱼丸表面坚实、内熟浮起、呈浅黄色时即可捞起，沥油片刻，然后冷包装。

6. 冷却：无论是水煮还是油炸后的鱼丸都应立即冷却，使其吸收加热时失去的水分，防止干燥而发生皱皮和褐变等，使制品表面柔软和光滑，冷却可采用风冷方式，对水煮鱼丸更多的是采用水冷方式。

7. 包装：完全冷却后的鱼丸按有关质量要求剔除不合格品，通过人工或用自动包装机按要求进行包装。

8. 速冻和冷藏：通常使用平板速冻机进行速冻，冻结温度为 −35℃，时间为 3～4h，使鱼丸中心温度降至 −15℃，并要求在 −18℃ 以下低温贮藏和流通。

五、实验数据记录及鱼糜制品的质量评定

1. 计算制品得率。

2. 对鱼丸的质量指标进行评定，鱼丸的质量指标包括凝胶强度（弹性）、味、香、产品个数、白度、水分等。各项质量指标所占比例如下：（1）鱼丸的凝胶强度 30%；（2）鱼丸的风味 15%；（3）鱼丸的香气 15%；（4）鱼丸的产品成数 20%；（5）鱼丸的白度 10%；（6）鱼丸的水分 10%。

六、思考题

1. 以冷冻生鱼糜为原料加工鱼糜制品应注意些什么问题？

2. 鱼糜制品弹性的形成的机理及其影响因素？

3. 如何提高鱼糜制品的弹性？

4. 什么是鱼糜的凝胶劣化？可以采取什么方法减轻鱼糜凝胶劣化现象？

实验六　面包凤尾虾的制作

一、实验目的

掌握面包凤尾虾加工的工艺及其品质控制和评价方法。

二、实验原理

面包凤尾虾是一种色泽好、口感佳、滋味鲜美、营养价值高的对虾加工水产品食品，深受广大消费者喜爱。其主要的加工方式是用去头凤尾虾蘸裹浆、包面包糠，速冻后可长期冷藏，食用时进行油炸即可。

三、材料和仪器

1. 材料：虾、盐、味精、面粉、面包糠、鸡蛋、食用油。

2. 仪器与设备：超低温冰箱、台秤、电子天平、塑料盆、不锈钢锅、不锈钢托盘、牙签、砧板、刀、保鲜膜、小勺等。

四、面包凤尾虾的制作

原料验收→冷藏保鲜→粗加工→清洗→分级、去壳→清洗→加冰保鲜→粘预炸粉→蘸裹浆→包面包糠→摆盘→速冻→称量→包装→冷藏→油炸

1. 原料虾验收：原料虾的气味应正常、体表黏液少、具有新鲜虾的正常光泽、肌肉弹性和致密性较好，验收后的虾及时与碎冰混合装在保温容器内保鲜。

2. 粗加工、清洗：原料虾去头，用加冰的清水洗去碎壳、虾脚等杂质。

3. 分级、去壳：按制作要求，把去头虾按每磅多少只分成若干规格，将分好规格的去头虾去壳，并用手术刀片开背去肠。

4. 第二次清洗：经去壳后的凤尾虾放在加冰的水中清洗，清洗时要注意保持虾的完整性，清洗后加冰保鲜。

5. 粘预炸粉：将加冰保鲜的凤尾虾用不锈钢筷子夹到装有预炸粉的容器中

粘预炸粉，整个凤尾虾体表都要粘粉，但粘取的粉越薄越好。

6. 蘸裹浆：将粘好预炸粉的凤尾虾提起在裹浆中旋转数秒，完成蘸裹浆，裹浆的薄厚要适当。

7. 包面包糠：将蘸好裹浆的凤尾虾放入面包糠中，撒糠滚动，使其包糠均匀。

8. 摆盘：包好面包糠的面包凤尾虾单个摆入干净的冻盘中。

9. 速冻：摆好盘的面包凤尾虾及时进行速冻，使其中心温度低于-18℃。

10. 称量、包装：经速冻的面包凤尾虾，按规定称量，及时装入薄膜袋中。

11. 冷藏：产品完成包装后，迅速送进冷冻箱冷藏，要合理摆放，以防挤压变形。

12. 油炸：取出冷冻面包凤尾虾，160℃油温油炸 30s 左右，至体表金黄色，滤油，可品尝。

五、实验数据记录与计算

1. 计算成品得率。

2. 根据油炸后面包凤尾虾的色泽、香味、口感以及虾的新鲜度等综合指标给予感官评定。

六、思考题

1. 裹面包糠时应注意哪些事项？

2. 面包凤尾虾冷冻过程和贮藏中会发生哪些变化，可采取哪些措施抑制这些变化？

实验七　罗非鱼下脚料的综合利用

一、实验目的

1. 掌握鱼类内源酶的种类及其蛋白质酶解的作用机理。

2. 掌握鱼油的提取过程及其原理。

3. 熟练掌握产品的质量分析技术，如基本成分粗蛋白、粗脂肪、非蛋白氮、α-氨基氮、灰分、水分等的分析；脂肪酸组成分析；油脂的理化性质分析等。

二、实验内容

1. 罗非鱼下脚料的前处理。

2. 罗非鱼下脚料的酶解。

3. 酶解液的离心分离。

4. 蛋白部分进行浓缩、喷雾干燥制备蛋白营养粉。

5. 蛋白粉和鱼油成分和理化性质分析。

三、实验材料与仪器设备

1. 实验材料

罗非鱼加工下脚料，由湛江某水产品有限公司提供。或者用罗非鱼新鲜采肉后的下脚料（包括鱼头、鱼骨、内脏），去鳃清洗后，取出内脏打浆后于 $-18\,^\circ\!C$ 冷藏备用；将余下的下脚料绞成肉糜于 $-18\,^\circ\!C$ 冷藏备用。

2. 实验试剂

氯仿、甲醇、正己烷、邻苯二甲酸氢钾、浓硫酸、乙醚、丙酮、磷酸二氢钾、无水硫酸钠、氢氧化钠、95％乙醇、冰乙酸、硫代硫酸钠、氯化钠、氢氧化钾、盐酸、硫酸铜、硫酸钾等试剂均为分析纯。

3. 实验仪器

TJ12-A 型绞肉机、不锈钢锅、恒温水浴锅、酸度计、离心机、煤气灶、凯

式定氮仪、索氏抽提仪、马福炉、真空干燥箱、气相色谱仪、喷雾干燥机、温度
计、常用的玻璃仪器等。

四、实验步骤及结果测试

1. 实验的工艺流程

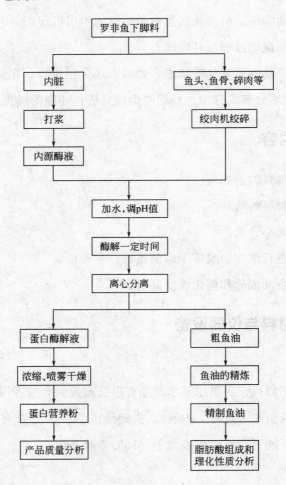

2. 罗非鱼下脚料内源酶自溶水解过程

罗非鱼下脚料用绞肉机捣碎,按料液比 1：3 加入水,并用 NaOH 溶液调
pH7.5,摇匀,置于 50℃恒温水浴中让蛋白质自溶 2h,酶解过程中不时搅拌。
酶解液离心,下层为蛋白酶解液,上层即为粗鱼油。

注意:计算鱼油的得率＝粗鱼油质量/原料质量,并观察鱼油的颜色、状态

和气味等，分析粗鱼油的理化性质，方法按照实验步骤 5 的要求进行。

3. 离心分离后获得酶解液采用蒸发浓缩，然后采用喷雾干燥制成蛋白营养粉。注意：计算蛋白营养粉的得率。

4. 蛋白营养粉的基本成分分析

（1）水分：常压干燥法；

（2）灰分：550℃灰化法；

（3）粗脂肪：索氏抽提法；

（4）粗蛋白：微量凯氏定氮法；

（5）非蛋白氮：微量凯氏定氮法；

（6）α-氨基氮：电位滴定法。

5. 离心分离后获得粗鱼油，然后对鱼油的理化性质和脂肪酸组成进行分析。

（1）鱼油的理化性质分析

酸值的测定参照 GB/T 5530—1998；过氧化值的测定参照 GB/T 5538—1995；碘值的测定参照 GB/T 5532—1995；皂化值的测定参照 GB/T 5534—1995；水分及挥发物的测定参照 GB/T 5528—1995。

（2）鱼油的脂肪酸组成分析

样品甲酯化：将 0.5g 鱼油放入一具塞试管中，加入 5mL 0.5mol/L 氢氧化钾的甲醇溶液，于 60℃水浴中振荡 30min，然后向混合物中加入 5mL 正己烷，摇匀后再静置 2min。上清液用于气相色谱分析。

气相色谱分析条件：岛津 GC-14B 气相色谱仪；FFAP 石英毛细管柱，30m×0.25mm（内径）×0.25μm（膜厚）；检测器 FID；进样口温度 250℃，检测器温度 250℃；色谱柱升温程序：190℃保留 15min，以 5℃/min 升至 230℃，直到分析完成；载气为氮气，压力为 500kPa，空气压力为 50kPa，氢气压力 50kPa，尾吹起压力 200kPa；分流方式进样，分流比 40∶1，进样量 1μL。

脂肪酸定性与定量：将各种脂肪酸甲酯的标准样品的标准液和样品甲酯化后的溶液在相同条件下分别进样，进样量为 1μL，以脂肪酸甲酯的标准样品峰的保留时间进行定性，确定样品中的脂肪酸甲酯的样品峰，用面积百分比法进行定量（不计溶剂峰面积），以确定各种脂肪酸的相对百分含量。

五、思考题

1. 鱼类自溶的机理？影响自溶的因素有哪些？

2. 鱼油的提取方法有哪些？鱼油中的生理活性成分有哪些？浓缩富集的方法有哪些？

第五章

糖果工艺实验

- 实验一　硬质糖果的制作
- 实验二　凝胶糖果的制作
- 实验三　代可可脂巧克力的制作

实验一 **硬质糖果的制作**

一、实验目的

熟悉硬糖制作工艺及原理，掌握硬糖的操作要点、分析硬糖制备过程中可溶性固形物含量、pH 值及温度的变化，研究其烊化机理。

二、实验原理

硬糖是经高温熬煮而成的糖果。干固物含量很高，含水量≤2%。糖体坚硬而脆，故称为硬糖。属于无定形非晶体结构。硬糖的基体可以看作是一种过冷的、过饱和的固体溶液。在这种溶液中，可溶性物质以分子状态分散在水中，大分子的多糖和微量蛋白质处于溶胶状态，微量的盐类则处于分子或离子状态，所有这些组分构成一种均一的连续相，具有溶液的一切特征。当蔗糖从溶液中析出是形成糖的结晶或晶粒，就出现返砂，仅用蔗糖难以制成硬糖，因此在硬糖的配方中包括一直结晶的淀粉糖浆。各种糖浆和蔗糖在熬制过程汇总产生的转化糖具有抗结晶的作用，削弱和抑制蔗糖在过饱和状态下产生的重结晶现象。

三、实验材料与设备

材料：砂糖、淀粉糖浆、花生、奶油、花生油、椰子汁等。

设备：电磁炉、溶糖锅、勺子、盘子。

四、实验方法

（一）普通硬糖制作

1. 配方

白砂糖 70g、麦芽糖 20～30g、水 17g。

2. 工艺流程

称料→溶糖→加入麦芽糖、混匀→熬糖→倒模→冷却成型→产品

3. 操作要点

(1) 溶糖：将热水倒入白砂糖粉中，不断搅拌使糖粉完全溶解。

化糖加水量由下式计算：

$$W = 0.3W_s - W_m$$

式中　　W——实际加水量，kg；

　　W_s——配料中干固体物总量，kg；

　　W_m——配料中水分总量，kg。

(2) 熬糖：加热至 90～120℃，不断搅动，使糖液浓缩。糖液熬制一定程度，捞起成丝、入水成型、咀嚼脆裂即可开始倒模，且动作迅速。

(3) 成型。

(4) 冷却：在模具中自然冷却，固化成型。

（二）咖啡奶糖制作

1. 配方

① 基本组成和普通硬糖相同。

② 奶油 10g、奶粉 3～4g、咖啡 3～4g、可可粉 3g、油 2g。

2. 工艺流程

① 称料→溶糖→加入麦芽糖、混匀→熬糖

② 奶油融化→加入奶粉→搅拌→加入咖啡、可可粉→搅拌→倒模→冷却成型→产品

五、产品质量评价

1. 感官指标：色泽光亮，色泽均匀一致，具有该品种应有的色泽；块形完整；表面光滑，边缘整齐，大小一致，薄厚均匀，无缺角、裂缝，无明显变形；糖体坚硬而脆，不粘牙，不粘纸；符合该品种应有的滋味与气味，无异味；无肉眼可见的杂质。

2. 理化指标：干燥失重≤4.0g/100g，还原糖（以葡萄糖计）12～29.0g/100g。

3. 评价方法：按照 SB/T 10018—2008 进行评价。

六、实验数据记录

项目	硬质糖果
形态	
色泽	
滋味与气味	
杂质	

七、思考题

1. 讨论硬糖加工的关键控制点及原理。

2. 如何确定硬糖的甜体组成？

3. 讨论影响硬糖质构变化的主要原因及控制方法。

4. 工业化制造硬糖采用什么工艺与设备？

实验二 凝胶糖果的制作

一、实验目的

本实验要求掌握凝胶糖果产生的基本生产工艺和凝胶糖果的评价方法。

二、实验原理

凝胶糖果以所用的胶体而命名，如淀粉软糖、琼脂软糖、明胶软糖等。凝胶糖果水分含量高，柔软，有弹性和韧性。因使用不同种类的胶体，使糖果具有凝胶性质。凝胶糖果都以一种胶体作为骨架。亲水胶体吸收大量水分变成液态溶胶，经冷却变成凝胶。淀粉软糖以淀粉或变性淀粉作为胶体。淀粉软糖的性质黏糯，透明度较差，含水量在 7％～18％，多为水果味型。琼脂软糖以琼脂为胶体，透明度好，具有良好的弹性、韧性和脆性，多为水果味型，水分含量在 18％～24％。明胶软糖以明胶作为胶体，制品富有弹性和韧性，含水量与琼脂软糖近似，多为水果型和奶味型。

三、实验材料和设备

1. 实验材料

砂糖、淀粉糖浆、轻沸变性淀粉（流度范围在 60～70）、模具用淀粉、琼脂、干明胶、柠檬酸、香料、着色剂等。

2. 实验设备

熬糖锅、操作台、模具、台秤、糖度计、干燥箱等。

四、实验方法

1. 工艺流程

淀粉软糖：溶糖→熬糖→浇模成型→干燥→拌砂糖→包装

琼脂软糖：

溶糖→熬糖→调和→成型→干燥→整理包装

　　　　　　　　↑

琼脂→浸泡→加热溶化

明胶软糖:

溶糖→熬糖→调和→冷却,80℃混合→静置→成型→干燥→整理包装

　　　　　　　　　　　　↑

　　　　　　　明胶溶液

2. 参考配方

(1) 淀粉软糖:砂糖 43.5%、淀粉糖浆 43.5%、变性淀粉 12.43%、柠檬酸 0.5%、香料 0.06%、着色剂 0.01%。

(2) 琼脂软糖:砂糖 69.4%、淀粉糖浆 27.8%、琼脂 2.47%,柠檬酸 0.17%、香料 0.15%、着色剂 0.01%。

(3) 明胶软糖:砂糖 33.7%、淀粉糖浆 58.9%、干明胶 6.74%、柠檬酸 0.59%、香料 0.06%、着色剂 0.01%。

3. 操作要点

(1) 淀粉软糖

① 熬糖:将变性淀粉放入容器内,加入相当于干变性淀粉 8～10 倍的水将变性淀粉调成变性淀粉浆。将砂糖和淀粉至于带有搅拌器的熬糖锅内加热熬煮,当浓度达到 72% 时即可停止。

② 浇模成型:先用淀粉制成模型,制模型用的淀粉水分含量为 5%～8%,温度保持在 37～49℃,当物料熬制含量为 72% 以上时加入色素、香精和调料。物料温度为 90～93℃,然后浇模成型,浇模含量为 82%～93%。

③ 干燥:干燥除去浇模成型的淀粉软糖含有的部分水分,干燥温度为 40℃,干燥 48～72h,粉末内的水分不断蒸发和扩散,软糖表面的水分转移到粉模内,软糖内部的水分不断向表面转移。同时糖内约有 22% 的蔗糖水解产生还原糖。

④ 拌砂糖:将已干燥 24h 的软糖取出后消除表面的余粉,拌砂糖颗粒。拌砂糖后的软糖再经干燥,脱去多余的水分和拌砂糖过程中带来的水汽,以防止糖粒粘连。最终水分不超过 8%,还原糖含量为 30%～40%。

(2) 琼脂软糖

① 浸泡琼脂:用 20 倍于琼脂质量的冷水浸泡琼脂,为加快熔化,可加热至

85～90℃，溶化后过滤。

② 熬糖：先用砂糖加水溶化，加入已溶化后的琼脂，控制好熬制温度在105～106℃，避免高温长时间熬煮破坏琼脂的凝胶能力，加入淀粉糖浆。浇模成型的软糖出锅浓度在78%～79%，切块成型的淀粉糖浆的用量可以略低些。

③ 调和：在熬煮后的糖浆中加入色素和香料，当糖液温度降至76℃以下时加入柠檬酸。为了保护琼脂不受酸的影响，在加酸前加入加酸量的1/5的柠檬酸钠作为缓冲剂。琼脂软糖的酸度控制在pH4.5～5.0为宜。

④ 成型：包括切块成型和浇模成型。在切块成型之前，需将糖液倒在冷却的台上凝结，凝结时间为0.5～1h，而后切块。对于浇模成型，粉模温度应保持在32～35℃，糖浆温度不低于65℃，浇注后需经3h以上的凝结时间，凝结温度应该保持在38℃左右。

⑤ 干燥和包装：成型后的琼胶软糖，还需干燥以脱除部分水分。温度不宜过高，速度不宜过快，否则会使糖粒表面结皮，糖内水分不易挥发而影响糖的外形，温度以26～43℃为宜。干燥后的琼脂软糖水分不应超过20%。为了防霉，对琼脂软糖必须严密包装。

(3) 明胶软糖

① 熬糖、调和：用相当于白砂糖量30%的水溶化白砂糖、淀粉糖浆，并用80目筛过滤。再一起熬煮加热至115～120℃，将以上糖液冷却至80℃左右，即可将制备好的明胶溶液加入并混合均匀。由于明胶受热极易分解，特别是在酸碱并存的情况下更为严重，而淀粉糖浆和转化糖浆都有一定的酸度，pH值在4.5～5.0，所以放在一起加热会破坏明胶分子。

② 静置、成型：由于明胶与糖浆混合后，糖浆的黏度会增加，从而阻碍混合液中水汽的散发，所以，混合后需静置一定时间，让气泡聚集到表层，直到混合糖浆澄清为止。然后将配制好的糖浆混合液用软糖注模成型机注入淀粉模盘，料液温度为70～80℃。

③ 干燥、整理包装：为防止明胶胶体受热而被破坏，一般采用两种方法干燥明胶，一种是提高明胶浓度，成型后不再干燥；另一种是成型后还需要在低温下干燥。干燥温度低于40℃，明胶软糖成品的含水量为15%左右。将模盘在40℃条件下干燥24～48h，直至达到所需要的稠度和软硬度。糖粒自粉模中取出后，清除表面粉尘，在拌锅内拌砂糖或在表面喷涂专用的油状涂布剂，稍经干燥

后即可进行包装整理。

五、成品评价

1. 感官指标：符合表 5-1 中的规定。

2. 理化指标：应符合表 5-2 中的规定。

3. 评价方法：按照 SB/T 10021—2008 凝胶糖果进行评价。

表 5-1　感官指标

项目		要　　求
色泽		符合品种应有的色泽
形态		块形完整、表面光滑、边缘整齐、大小一致、无缺角、裂缝、无明显变性、无粘连
组织	植物胶型	糖体光亮，略有弹性，不粘牙，无硬皮，糖体表面可附有均匀的砂糖晶粒
	动物胶型	糖体表面可附有均匀的砂糖晶粒，有弹性和咀嚼性，无皱皮，无气泡
	淀粉型	糖体表面可附有均匀的细砂糖晶粒，口感韧软，略有咀嚼性，不粘牙，无淀粉，裹筋现象，表面可有少量均匀熟淀粉，具有弹性和韧性
滋味、气味		符合品种应有的滋味及气味，无异味
杂质		无肉眼可见杂质

表 5-2　理化指标

项　目	指　　标		
	植物胶型	淀粉型	动物胶型
干燥失重(g/100g)	≤18.0	≤18.0	≤20.0
还原糖(以葡萄糖计 g/100g)	≥10.0		

六、实验记录

项目		凝胶糖果
色泽		
形态		
组织	植物胶型	
	动物胶型	
	淀粉型	
滋味、气味		
杂质		

七、思考题

1. 三种软糖之间有何区别？

2. 熬糖过程中注意什么？

3. 凝胶糖果在工业化生产过程中采用什么设备？

实验三 代可可脂巧克力的制作

一、实验目的

通过本实验了解巧克力生产的基本知识，掌握巧克力生产的工艺和巧克力品质的评定方法。

二、实验原理

巧克力的物态属于粗粒分散体系，在此体系内糖和可可以细小的质粒作为分散相分散于油脂连续相内，大部分可可、糖、乳的干固物质粒在 $20\sim30\mu m$。同时，少量水分和空气在此体系内也是一种分散体。糖粉、可可料并添加一定数量的可可脂与乳粉组成的混合物料，经精磨达到巧克力质构要求的细度。在精炼过程中，物质质粒变得较小和光滑，同时均匀地分散在液态油脂的连续相内，在不断碰撞和摩擦作用下，在物料内的乳化剂的表面活性作用下，降低了颗粒间的界面张力，油脂由球体变成膜状，膜状油脂又均匀地把糖、可可及乳固体包裹起来，彼此吸附，形成高度均一的分散体系，物态的这种乳油状态在冷固后具有高度的稳定性。经过精磨的巧克力料已经达到很细的程度，但质构还不够细腻滑润，香味还不够优美醇和，精炼就是整理和完善的过程。当巧克力经过调温并冷却凝固时，油脂成为紧密的晶格，可可、糖、乳等微小的质粒则被固定在整齐的油脂晶格之间。

三、实验材料和设备

1. 实验材料

可可脂、代可可脂、磷脂、奶粉、蔗糖粉、麦精粉等。

2. 实验设备

粉碎机、混料罐、精磨（胶体磨）、辊式研磨机、调温水浴锅、巧克力模、操作台、冷藏箱等。

四、实验方法

1. 工艺流程

原料→混合→精磨→精炼→调温→注模→振模→冷却→脱模→挑选→包装→成品

2. 参考配方

可可脂 5.6%、代可可脂 24.9%、磷脂 0.6%、蔗糖粉 49.7%、奶粉 14.7%、麦精粉 4.5%。

3. 操作要点

(1) 可可脂、代可可脂在水浴中溶化，40℃保温；粉碎蔗糖，过筛，筛孔为 0.6～0.8mm。

(2) 原料：均投入混料罐汇总混合均匀，40℃保温。

(3) 精磨：采用胶体磨进行精磨，温度控制在 40～42℃，要求大部分的物料颗粒控制在 15～30μm。

(4) 精炼：采用辊式研磨机完成，控制温度。

(5) 调温：在可调温水浴锅汇总进行，第一阶段温度控制在 29～40℃，第二阶段温度 29～47℃，第三阶段温度为 27～30℃，转速为 14～16r/min。

(6) 注模：将巧克力浆注入模板中，温度保持在 27～29℃。

(7) 振模：注模后立即振模，振动频率 1000 次/min，振幅 5mm，1～2min。

(8) 冷却，脱模：置于 8℃冷却室冷却 25～30min 后脱模。

五、产品质量评价

1. 感官指标：具有该产品应有的形态、色泽、香味和滋味，无异味，无正常视力可见的外来杂质。

2. 理化指标：非可可脂固形物（以干物质计）≥4.5%。总乳固体（以干物质计）≥12%，干燥失重≤1.5%，细度≤35μm。

3. 评价方法按照 SB/T 10402—2006 进行。

六、实验记录

项目	代可可脂巧克力
形态	
色泽	
滋味与气味	
杂质	

七、思考题

1. 巧克力精炼的目的是什么？

2. 调温起何作用，如何控制调温工艺？

第六章

食品加工机械与设备实验

实验一　物料分离机械拆卸、安装与操作

　　分离是食品加工一个非常重要的操作。螺旋压榨机通过压榨法将液相从液固两相混合物中分离出来，其主要部件为不锈钢加工制成的螺旋杆，螺旋杆的直径从进口端到出口端由小到大，螺旋与圆筒筛间所夹的容积逐渐减少。工作时水果由进口端到出口端的行进过程中，所受的压力逐渐增大，容积逐渐减少，将果浆压榨出来。离心机是利用惯性离心力进行固-液、液-液，或液-液-固相离心分离的机械。其主要部件是安装在竖直或水平轴上的快速旋转的转鼓，鼓壁上有的有孔，有的无孔，料浆送入转鼓内随鼓旋转，在惯性离心力下实现分离。过滤是利用一种能将悬浮液固体颗粒截留，而液体能自由通过的多孔介质，在一定压力差推动下，达到分离固、液二相的操作。板框压滤机是过滤机中应用最广泛的一种，由许多滤板、滤框交替排列而成，滤框两侧覆以滤布，滤框与滤布围成容纳滤浆、滤饼的空间，滤板支撑滤布并提供滤液流出的通道。工作时，滤浆由滤框上方通孔进入滤框空间，固体颗粒被滤布截留，在框内形成滤饼，滤液则穿过滤饼和滤布流向两侧的滤板，沿滤板沟槽向下流动，由滤板下方的通孔排出，实现固液分离的目的。

一、实验目的

　　掌握压榨、过滤、离心分离作业的工作原理；掌握榨汁机、离心机、过滤机的关键结构、工作原理和性能特点；掌握提高分离效率的关键措施；掌握压榨、过滤、离心分离设备的操作方法及注意事项。

二、实验内容

　　1. 压榨、过滤设备拆卸与安装。
　　2. 压榨、过滤、离心分离设备的操作。

三、主要仪器设备与实验材料

　　榨汁机、离心机、过滤机、钳子、扳手、分光光度计、手持式折光仪等；苹

果、黄瓜、西瓜、硅藻土、自来水等。

四、实验步骤

1. 榨汁机的拆卸与安装。

2. 离心机的结构认识。

3. 板框式过滤机的拆卸与安装。

4. 压榨、过滤、离心分离设备操作。

5. 对产品物理性质相关指标进行检测并记录。

6. 机器清洗。

五、实验数据记录与计算

1. 计算榨汁机的出汁率及记录果蔬汁的可溶性固形物含量、色值、透光率。

2. 记录过滤与离心分离处理前后果蔬汁的可溶性固形物含量、色值、透光率。

六、思考题

1. 如何提高榨汁机的出汁率?

2. 影响过滤与离心分离效果的主要因素有哪些?

实验二 物料均质机械的操作

食品均质机是食品的精加工机械，非均相液态食品的分散物质在连续相中的悬浮稳定性，与分散相的粒度大小及其分布均匀性密切相关，粒度越小，分布越均匀，其稳定性越大。蛋白饮料、果汁饮料等液态食品的悬浮（或沉降）稳定性都可以通过均质处理加以提高，从而改善此类食品的感官品质。

高压均质机是以物料在高压作用下通过非常狭窄的间隙（一般小于0.1mm），造成高流速（150～200m/s），使料液受到强大的剪切力，同时，由于料液中微粒同机件发生高速撞击，以及料液流在通过均质阀时产生的旋涡作用，使微粒破碎，从而达到均质的目的。

胶体磨由一固定的表面（定盘）和一旋转的表面（动盘）所组成。两表面间有可调节的微小间隙，物料就在此间隙中通过。物料通过间隙时，由于转动件的高速旋转，附于旋转面上的物料速度最大，而附于固定面上的物料速度为零，其间存在急剧的速度剃度，使物料受到强大的剪切磨擦及湍动搅动，使物料乳化、均质。

一、实验目的

了解均质机械的原理及特点；掌握胶体磨、高压均质机的结构特点、工作原理和应用特点；掌握胶体磨、高压均质机操作方法及注意事项；了解混合均匀度的检测和计算方法以及影响混合均匀度的主要因素。

二、实验内容

1. 了解高压均质机的结构组成，拆下均质阀座，观察均质阀及阀座形状，按要求装好均质阀及阀座，使均质机处于正常工作状态；了解高压均质机的操作。

2. 胶体磨的结构组成及操作。

3. 粒径的检测和均匀度计算方法。

三、主要仪器设备与实验材料

渣浆分离机、立式胶体磨、高压均质机、离心机、生物显微镜等；大豆、自来水等。

四、实验步骤

1. 观察均质机的传动系统和各工作部分的结构，了解均质机的操作过程及注意事项。

2. 观察立式胶体磨的传动系统和各工作部分的结构，了解胶体磨的操作过程及注意事项。

3. 用渣浆分离机制备豆奶。

4. 以制备好的豆奶作为原料，采用胶体磨及高压均质机在不同条件下进行均质实验，记录结果并比较分析。

5. 清洗机器。

五、实验数据记录与计算

1. 用显微镜法和离心法检测均质效果，记录不同操作条件下的检测结果。

显微镜法检测均质效果：各取少量均质前后的豆奶置于载玻片上，另取盖玻片压在载玻片上以形成乳薄膜，在生物显微镜下观察均质前后粒子直径的变化。

2. 离心法检测均质效果：各取 15mL 均质前后的豆奶于离心管中，然后 4500r/min 离心 15min，弃去上部溶液，称量底部沉淀的重量，计算沉淀物含量。

$$沉淀量(\%)=\frac{沉淀物重量(g)}{10mL\ 料重量(g)}\times100\%$$

六、思考题

1. 均质机、胶体磨的使用注意事项。

2. 均质在饮料食品加工中的重要性。

3. 影响均质效果的因素有哪些？

实验三　物料粉碎机械的操作

粉碎是食品加工中重要的操作单元，是用机械力将固体物料破碎为大小符合要求的小块、颗粒或粉末的单元操作。物料颗粒的大小称为粒度，它是粉碎程度的代表性尺寸。根据被粉碎物料和成品粒度的大小，粉碎可分为粗粉碎（原料粒度 40～1500mm，成品粒度 5～50mm）、中粉碎（原料粒度 10～100mm，成品粒度 5～10mm）、微粉碎（原料粒度 5～10mm，成品粒度在 100μm 以下）和超微粉碎（原料粒度 0.5～5mm，成品粒度在 10～25μm）四种。粉碎前后的粒度比称为粉碎比或粉碎度，它表明粉碎前后的粒度变化的同时，也间接反映出粉碎设备作业的情况。物料粉碎时所受到的作用力根据施力种类与方式的不同，包括挤压力、冲击力和剪切力（摩擦力）三种。粉碎物料的基本方法包括压碎、劈碎、折断、磨碎和冲击破碎等。

一、实验目的

掌握粉碎原理、主要机械类型及其应用特点；掌握常见粉碎机械作业构件的基本结构；了解提高粉碎机械效率的途径。

二、实验内容

1. 粉碎机械设备操作。
2. 使用显微镜测微尺测量颗粒粒径。

三、仪器设备与材料

RT-34 粉碎机、标准筛、管钳、钳子、扳手等；小于 5cm 的干燥物料。

四、实验步骤

1. 熟悉显微镜

（1）制片：取原料样品少量，加适量蒸馏水稀释成混悬液，取一滴混悬液置于载玻片上，盖上盖玻片。

（2）观察：将制作好的玻片标本放在载物台上，先用低倍镜观察，后用高倍镜观察，直至看清药品颗粒，记下此时的目镜和物镜的倍数。

（3）目镜测微尺的校正：把目镜的上透镜旋下，将目镜测微尺的刻度朝下轻轻地装入目镜的隔板上，把镜台测微尺置于载物台上，刻度朝上。先用低倍镜观察，对准焦距，视野中看清镜台测微尺的刻度后，转动目镜，使目镜测微尺与镜台测微尺的刻度平行，移动推动器，使两尺重叠，再使两尺的"0"刻度完全重合，定位后，仔细寻找两尺第二个完全重合的刻度，计数两重合刻度之间目镜测微尺的格数和镜台测微尺的格数。因为镜台测微尺的刻度每格长 $10\mu m$，所以由下列公式可以算出目镜测微尺每格所代表的长度。例如目镜测微尺 5 小格正好与镜台测微尺 5 小格重叠，已知镜台测微尺每小格为 $10\mu m$ 则目镜测微尺上每小格长度为 $=5\times10\mu m/5=10\mu m$。

（4）测量原料样品粉末颗粒的粒径：目镜测微尺校正完毕后，取下镜台测微尺，换上玻片标本。

先用低倍镜和高倍镜找到标本，然后用测微尺测量每个颗粒所占目镜测微尺的格数，最后将所测得的格数乘以目镜测微尺每格所代表的长度，即为原料样品粉末颗粒的实际大小。

2. 观察粉碎机各工作部分的结构，了解操作过程。

3. 准确称量所需质量的原料样品。

4. 将滤网方形框和一定孔径的滤网放入滤组导向槽中，将上盖用固定螺丝锁好。

5. 安装好透气袋及粉碎后物料集粉袋。

6. 接上电源，开启电源开关使粉碎刀转动。

7. 逐步将物料送进料斗，速度不宜过快。

8. 关闭电源，收集物料，测定粉碎后物料粒度。

9. 清理粉碎机内残留的粉末，清理透气袋及集粉袋。

五、实验数据记录与计算

1. 称量

准确称量粉碎后产品的质量，计算粉碎产品得率。

产品得率(％)＝(粉碎后产品质量/粉碎前投入样品质量)×100％

2. 进行显微镜检查

3. 过筛

将粉碎后产品过筛，确定粉碎产品的细度。

筛号	筛孔内径(平均值)/μm	目号
1	2000±70	10
2	850±29	24
3	355±13	50
4	250±9.9	65
5	180±7.6	80
6	150±6.6	100
7	125±5.8	120
8	90±4.6	150
9	75±4.1	200

六、思考题

1. 粉碎的方法有哪些？食品工业常用的粉碎设备有哪些种类？

2. 了解各种粉碎机的适用处理对象、要求的原料粒度及出料粒度范围。

实验四　马口铁罐封罐机的操作

金属罐普遍采用二重卷边法将罐体和罐盖进行卷合密封。其过程分别由头道滚轮、二道滚轮先后分两次使罐身和罐盖的边缘发生弯曲变形而相互钩接，罐盖上的密封填料因挤压而填充于罐身和罐盖之间的卷边缝隙中，形成具有密封作用的封口结构（二重卷边）。二重卷边的良好程度关系到罐藏容器的密封性、保持罐头真空度、防止微生物第二次污染的关键。

一、实验目的

掌握 GT4B2 型真空自动封罐机的传动原理、操作方法及二重卷缝封口质量的检查鉴定方法。

二、实验内容

1. GT4B2 型真空自动封罐机的结构组成。
2. 使用 GT4B2 型真空自动封罐机对 8113 罐进行封口。
3. 对 8113 罐二重卷边（封口）质量进行检查鉴定。

三、仪器设备

GT4B2 型真空自动封罐机、真空压力表、开罐刀、游标卡尺、线锯或平锉、钢丝钳、放大镜、8113 罐罐身筒及罐盖（已涂胶）。

四、实验步骤

（一）观察 GT4B2 型真空自动封罐机的结构组成

（二）8113 圆罐的封口操作

1. 检查 GT4B2 型真空自动封罐机各部件情况，确认无异常后，用手转动手轮，板动机器转动，视检全机各运转系统工作是否正常。如正常，可启动设备。

2. 合上电源开关，接上电源。

3. 启动真空泵

开启真空泵进水阀，让泵体进满水；合上开关，接上电源，真空泵运行；真空罐上真空表显示 500mm 汞柱时，开启真空罐上阀门，接通 GT4B2 型真空自动封罐机机头密闭室里的真空气路。

4. 旋转电源开关，接通电源。将手柄扳向右，使传动离合器处于"离"的位置，按下"启动"电钮，电动机空转。

5. 操纵手柄，以间断接合方式将手柄向左扳动传动离合器，使离合器处于"合"的位置，使全机发生短暂的运转。继而又使全机空转片刻，以求再次视检全机的运转情况。视毕，将手柄向右扳动，让电机空转。

6. 经视检认为机器运转正常后，可开始封罐作业。

（1）将手柄向左扳动，全机开始正常运转。

（2）把 8113 罐盖成叠叠于盖架上。

（3）把 8113 罐身筒（已装物料）置于堆链条上。

（4）接收从六叉转盘出来的已封好的罐头。

7. 封罐作业完毕，把手柄向右扳，全机运转停止，电动机空转。

8. 关闭电源，电动机真空泵停止运转。

（三）二重卷边质量的检查鉴定

二重卷边质量的检查鉴定，目的是为了保证罐头产品的质量。同时，通过二重卷边的检查，也可了解封罐机的运转情况。二重卷边的检查鉴定分外部检查和内部检查两个方面。外部检查在生产中是经常时刻进行的。内部检查则是在外部检查的基础上，在适当的时候进行。

1. 二重卷边的质量要求

（1）二重卷边外部规格要求

1）卷边顶部应平服，顶部内侧无向内突出的快口、起筋和碎裂等缺陷。

2）卷边下部应光滑，无牙齿、铁舌、双线、接缝碎裂、地牙形、毛边、卷边损伤、接边卷边松动等缺陷。

3）卷边外部规格尺寸按"外部规格尺寸"的规定。

（2）二重卷边内部规格要求

1）卷边内身钩与盖钩应平服，无波浪形，相互接成 U 字形，上下空隙要小。

2）要求迭接率、紧密度、接缝盖钩完整率均≥50％。

3）卷边内部规格尺寸按"内部规格尺寸"的规定。

2. 二重卷边质量的检查方法

（1）二重卷边的外部检查

1）在用肉眼观看卷边的时候，看看是否平服、光滑、是否存在卷边不完全。假边、快口、牙齿、铁舌、双线、垂唇、毛边等等或其他缺陷。

2）用游标卡尺量取和记录（记在表内）。

a. 卷边的厚度 T。

b. 卷边的宽度 W。

c. 埋头度 C。

3）测量 8113 罐头内真空度。

用真空测定仪表测定，测定时用右手大拇指和食指夹持真空表，将下端针尖对准罐盖平稳用力压下，使针尖贯穿马口铁皮进入罐内，读取真空表所指度数。

（2）二重卷边的内部检查

1）用线锯或平锉切开二重卷边的横截面。

2）用放大镜观察二重卷边内部的结构情况，观察身钩与盖钩的相互勾接是否平服、紧贴，是否成 U 字形，上空隙 U_C 和下空隙 L_C 的大小如何等。

3）用游标卡尺量取和记录。

a. 罐身铁皮厚度 t_b。

b. 罐盖铁皮厚度 t_c。

c. 身钩宽度 BH。

d. 盖钩宽度 CH。

e. 实际迭接长度 OL（计算）。

4）用平锉刀锉去大约半个圆周的一段顶边（注意不要锉伤身钩），小心地把盖钩和身钩拆离。

a. 检查内部垂唇。

b. 目测检查盖钩和身钩的皱纹褶叠和其他不正常现象。

c. 从拆开的盖钩和身钩上核量盖钩和身钩的宽度。

5）计算

a. 迭接率

$$OL(\%)=\frac{BH+CH+1.1t_c-W}{W-(2.6t_c+1.1t_b)}\times 100\%$$

b. 紧密度

$$TR(\%)=100\%-\text{皱纹度}（\%）$$

c. 接缝盖钩完整率

$$JR(\%)=100\%-\text{内部垂唇度}（\%）$$

五、实验数据记录与计算

1. 二重卷边结构图

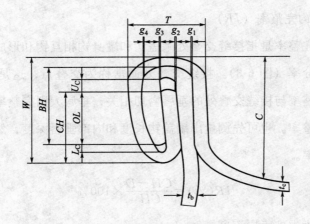

图 6-1　二重卷边结构示意图

T—卷边厚度；W—卷边宽度；C—埋头度；BH—身钩宽度；CH—盖钩宽度；

OL—叠接长度；U_C—盖钩空隙；L_C—身钩空隙；g_1、g_2、g_3、g_4—卷边内部各层间隙；

t_b—罐身镀锡板厚度；t_c—罐盖镀锡板厚度

（1）卷边厚度（thickness）：可用卷边测微计、游标卡尺、罐头工业专用卡尺进行测量，也可用卷边投影仪直接得到读数。

（2）卷边宽度（width）：可用卷边测微计、游标卡尺、罐头工业专用卡尺进行测量，也可用卷边投影仪直接得到读数。

（3）埋头度（counter lap）：可用深度计、卷边测微计或千分表进行测量。

2. 二重卷边紧密度（TR）

二重卷边紧密度是指卷边密封的紧密程度，一般以罐盖钩皱纹来衡量，无皱纹者其紧密度为100%，皱纹延伸到罐盖钩底部者其紧密度为0，但还应与罐身压痕结合起来考虑，才能比较全面而准确地估算出紧密度。皱纹度（WR）与紧密度之相互关系（图6-2）为：$TR(\%)=1-WR$。

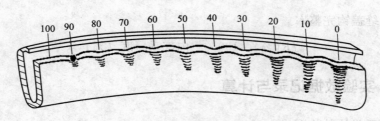

图 6-2　二重卷边紧密度

3. 接缝盖钩完整率（JR）

接缝盖钩完整率是指接缝交叠处罐盖钩和罐身钩相互钩和形成叠接长度占罐盖钩长度的百分率（图6-3）。接缝交叠处通常称为交叠点，这是最容易发生裂泄的部位。完整率与接缝交叠处的垂唇密切相关，垂唇大则完整率小。一般是靠肉眼估算出完整率。也可先测量出罐盖钩长度和内部垂唇深度，然后按下式计算接缝盖钩完整率。

$$JR(\%)=\frac{CH-D}{CH}\times100\%$$

式中，D 为内部垂唇深度，mm。

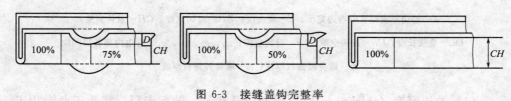

图 6-3　接缝盖钩完整率

4. 8113 罐封口（二重卷边）质量检查鉴定表

8113 罐封口（二重卷边）质量检查鉴定表

序号	项　目	规　格	检查结果		
			I	II	III
1	罐身铁皮厚度 t_b(mm)	0.23			
2	罐盖铁皮厚度 t_c(mm)	0.23			
3	卷边厚度 T(mm)	1.40 ± 0.10			
4	卷边宽度 W(mm)	3.00 ± 0.15			
5	埋头度 C(mm)	3.00 ± 0.15			
6	身钩宽度 BH(mm)	2.00 ± 0.20			
7	盖钩宽度 CH(mm)	2.00 ± 0.20			
8	迭接长度 OL(mm)	1.00 以上			
9	迭接率 $OL\%$	$\geqslant50$			
10	紧密度 $TR\%$	$\geqslant50$			
11	接缝盖钩完整率 $JR\%$	$\geqslant50$			
12	罐内真空度（毫米汞柱）				
13	外观评价	符合规格要求			
14	讨论或结论				

六、思考题

1. 试述 GT4B2 型真空自动封罐机的传动系统。

2. 试述 GT4B2 型真空自动封罐机对 8113 罐进行封口的过程。

3. 影响二重卷边质量的因素主要有哪些？

实验五 喷雾干燥机械操作示范

喷雾干燥是指将液态食品物料通过机械的作用（如使用离心力和压力等）分散成雾一样细小液滴（直径约为 $10\sim100\mu m$），使其表面积大幅增加，被分散的细小液滴在与热空气的接触中，大部分水分瞬时被去除的方法。其特点是干燥迅速，适应于液态物料的干燥。

一、实验目的

了解喷雾干燥装置的系统组成及基本原理，熟悉和掌握喷雾干燥装置操作过程，了解微型喷雾干燥装置的特点。

二、实验内容

1. 了解喷雾干燥装置的系统组成。

2. 了解喷雾干燥装置操作过程。

三、仪器设备与材料

微型喷雾干燥装置，料液。

四、实验步骤

1. 升温

（1）打开空气转子流量计下面的放空阀（逆时针开至最大）。否则，当开启风机时，转子会把玻璃管打坏。

（2）依次开启总电源、风机电源、自动控温电源、测温电源、测压电源。给定温度值（仪表使用见人工智能型工业调节器使用说明书，不按说明书的方法随意操作会造成仪表的参数改变，会引起仪表动作的失误）温度在 $180\sim250$℃（注意：温度选择是根据物料性质而定，对有热敏性的物料要选较低的温度，而对其他不受温度影响的物料可选温度高些）。到达设定温度后，仪表可自动控制。

2. 设置

开启风机分电源后，调节进风量，此时变频器显示：000Hz，然后按变频器"run"按钮，此时显示：0.0Hz，缓慢调节变频器旋钮，给定电流频率，控制在 15m³/h 左右（视物料的性质选一个固定值）观察温度上升情况。当温度上升到规定温度时，开启无油空压机，调节喷嘴的进风压力再在 0.05～0.15MPa 选一个固定值。

3. 喷雾操作

喷雾操作前一定要用水做一次预喷雾操作。这会对整体操作有很大的作用。其方法是将蠕动泵的进料管放入清水烧杯内，开启蠕动泵，调节进料量在 20～40r/min 选一个固定值。调节喷嘴的进风压力，将喷头向下观察雾滴分散情况，雾滴颗粒过大，可减少进液量或加大喷嘴进气压力；雾滴过细可加大进料量或降低喷嘴压力。开启冷却喷头的水阀门通水。选取适宜的条件后，记录下各部分的操作参数，将喷头插入喷雾干燥塔的顶部插孔内，同时将蠕动泵的进口管插入放在磁力搅拌器上正在搅拌的烧杯内。很快就有温度和压力的变化，并能看到旋风分离器内有粉体出现，此时表示在正常喷雾。可用手轻轻拍击干燥器的底部锥面，使降落在锥面上的粉体排出。

4. 停机

(1) 将蠕动泵入口管插入清水杯内，对喷头进行清洗后。再关闭蠕动泵电源及压缩机电源。

(2) 将加热用的电位器调回原点，关闭加热电源。

(3) 继续进风降温，当出口温度降至 60℃ 以下可关闭风机。

(4) 取下旋风分离器的收集瓶，可进行测试有关指标。

五、思考题

1. 为什么在喷雾操作前必须对浆料进行过滤处理？

2. 微型喷雾干燥装置工作的基本原理？

参 考 文 献

[1] 刘江汉. 焙烤工业实用手册. 北京：中国轻工业出版社，2008.

[2] 赵晋府. 食品工艺学. 第2版. 北京：中国轻工业出版社，2006.

[3] 秦波涛，李和平，王晓曦. 薯类的综合加工及利用. 北京：中国轻工业出版社，1999.

[4] 赵征. 食品工艺学实验技术. 北京：化学工业出版社，2009.

[5] 潘道东. 畜产食品工艺学实验指导. 北京：科学出版社，2011.

[6] 骆承庠. 乳与乳制品工艺学. 北京：中国农业出版社，1992.

[7] 章超桦. 水产食品学. 北京：中国农业出版社，2010.

[8] 汪皓明. 食品检验技术（感官评价部分）. 北京：中国轻工业出版社，2007.

[9] 车文毅，蔡宝亮. 水产品质量检验. 北京：中国计量出版社，2006.

[10] 郝涤非. 水产品加工技术. 北京：科学出版社，2012.

[11] 邓后勤，夏延斌，曹小彦等. 用罗非鱼碎肉制鱼松的生产工艺研究. 现代食品科技，2005，21（3）：80-83.

[12] 郝淑贤，石红，李来好等. 茄汁罗非鱼软包装罐头加工技术研究. 南方水产，2006，2（6）：49-54.

[13] 姜英杰. 冷冻鱼糜及鱼糜制品生产工艺技术. 肉类工业，2011，（11）：12-14.

[14] 吴达来，黄修杰，杨景峰等. 单冻油炸面包虾的制作工艺. 广东农业科学，2008，（10）：92-96.

[15] 何定芬. 面包凤尾虾的制作工艺研究. 现代渔业信息，2007，22（9）：14-16.

[16] 许学勤. 食品工厂机械与设备. 第1版. 北京：中国轻工业出版社，2010.

[17] 马海乐. 食品机械与设备. 第1版. 北京：中国农业出版社，2004.

[18] 杨运华. 食品罐藏工艺学实验指导. 第1版. 北京：中国农业出版社，1996.

[19] GB/T 24303—2009 小麦粉蛋糕.

[20] GB/T 20980—2007 饼干.

[21] GB/T 20981—2007 面包.

[22] NY/T 1512—2007 生面食、米粉制品.

[23] DB44 425—2007 豆制品通用技术规范.

[24] GB/T 13207—2011 菠萝罐头.

[25] GB/T 10786—2006 罐头食品的检验方法.

[26] GB/T 22474—2008 果酱.

[27] NY/T 436—2009 蜜饯.

[28] GB/T 18963—2012 浓缩苹果汁.

[29] GB 10789—2007 饮料通则.

[30] GB/T 15038—2006 果酒.

[31] GB/T 15038—2006 果酒修改单.

[32] GB/T 23493—2009 中式香肠.

[33] SB/T 10283—2007 肉脯.

[34] GB/T 23968—2009 肉松.

[35] SBT 10013—2008 冰淇淋.

[36] GB 9694—1988 皮蛋.

[37] DB34/T 1808—2012 冷冻淡水鱼糜加工技术规程.

[38] NY/T 1327—2007 鱼糜制品.

[39] SB/T 10018—2008 硬质糖果.

[40] SB/T 10021—2008 凝胶糖果.

[41] SB/T 10402—2006 代可可脂巧克力及代可可脂巧克力制品.